オランダフメロのアウドルフプライベートガーデン

淡路景観園芸学校の屋上ガーデン
（上：6 月 24 日、下：12 月 10 日）

シードヘッド（上：エキナセア　右：ルリマツリモドキ）

日本産のグラス（ノガリヤス）

イギリスのトレンサムガーデン

イギリス・シェフィールド市内の Grey to Green Project　(credit:Nigel Dunnett)

秋に最も色鮮やかになるオータムボーダー

コミュニケーションが生まれる場をデザインした「漢方の庭」

宿根草やグラス類で彩られた屋上庭園

兵庫県立尼崎の森中央緑地「ゐなの花野」

畦畔を彩る在来の草原生植物たち。この多くは、管理放棄に伴う遷移の進行や、圃場整備などの工事によって失われている。

上段左から、メガルカヤ、カワラナデシコ、ゲンノショウコ、ヒメハギ、キジムシロ
中段左から、ワレモコウ、ガガイモ、スズサイコ、ヤマハッカ、アキノタムラソウ
下段左から、タツナミソウ、ナンバンギセル、オミナエシ、ツリガネニンジン、ヨメナ

山焼きによる草地管理（地域の観光資源の可能性）

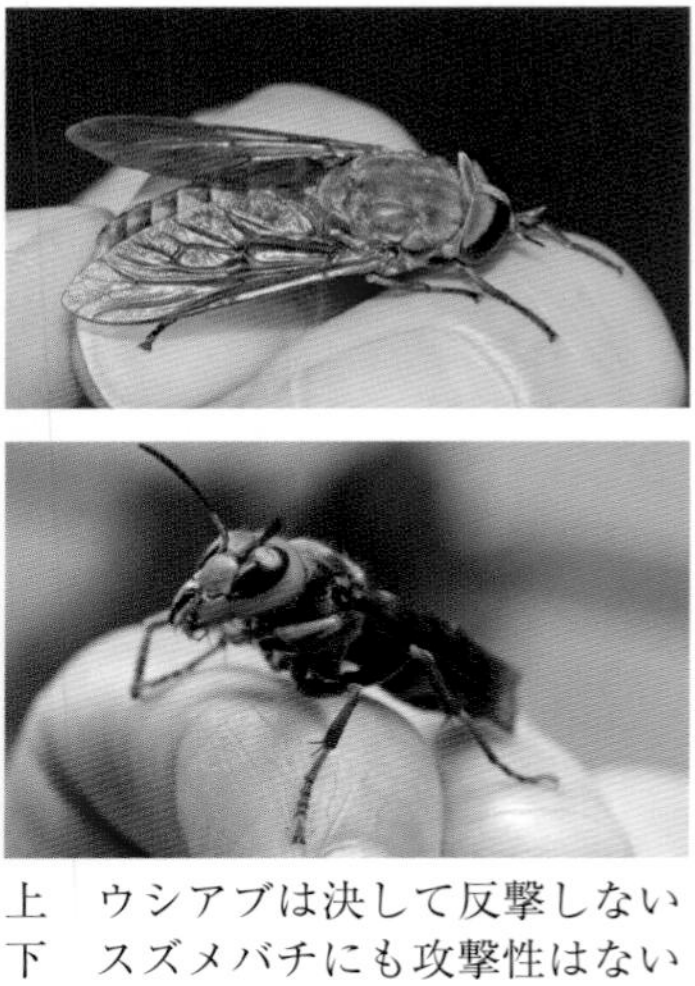

上　ウシアブは決して反撃しない
下　スズメバチにも攻撃性はない

はじめに

中瀬　勲

わが国における本格的な少子・高齢社会の到来、地域規模での自然環境問題の激化などに伴い、私たちの社会は大幅な変化を迎えています。このことは、景観づくり、地域づくり、それらのマネジメントに関して、新たな試みや展開が必要であることを意味します。この時期に、兵庫県立淡路景観園芸学校（兵庫県立大学大学院緑環境景観マネジメント研究科）では、２０１８年度から多様な試みを行ってきました。その一つが「ランドスケープからの地域経営」と題した連続公開セミナーです。これらの諸セミナーの内容をシリーズとして出版する運びとなりました。

本巻は、シリーズ第5弾として「ランドスケープで変わる価値観」のタイトルで出版することになりました。様々なみどりを中心に見方が変わることで価値評価が変わる事例や考え方を紹介しています。

最初のパートは、ランドスケープアーキテクトとして有名なピート・アウドルフ氏の映画「FIVE SEASONS THE GARDENS OF PIET OUDOLF」の内容に関連し、ガーデンからの価値観の変革を感じられる事例をいくつか紹介しています。一つ目は、同氏の映画の内容を紹介するとともに宿根草やグラス類を用いた植栽の事例を紹介しています。二つ目は、寒冷地の広いエリアでの維持管理が継続的に行えるガーデンの紹介を、最後には、それら宿根草を中心として造営された屋上ガーデンの関東地方での事例を紹介しています。それらの中にトピックスとして、著名なガーデンコンテストであるチェルシーフラワーショーの近年の動向を紹介いただきました。園芸植物で彩られた庭だけでなく、植物の選択によってその見え方も変わること、それらの見え方が変わることで人の評価も変わることを感じていただければと思います。

二つ目のパートでは、ガーデンよりもスケールの大きな場での緑の在り方について、まず草原の維持管理を紹介しています。次いで、日本古来の植物を用いて造営された公園内の緑地についての維持管理等について紹介しています。さらに、都市内で時には悪者となっている虫について、生命の観点から見方を変える方法について紹介しています。

最後のパートでは、従来の植栽や維持管理手法が修景緑化だけでなく、人の動きを生み出し、地域の資源となる事例を紹介しています。

本巻を読み終えたときに、新たな緑の景観の見方が芽生えることを期待しています。

ランドスケープからの地域経営 5

ランドスケープで変わる価値観
～植栽デザインから管理運営まで～

目　次

草花で織りなすランドスケープデザイン
～質の高い美しい植栽をめざして～

田淵美也子・上田和子

ランドスケープに於いて、植物は重要な要素である。その土地にあった植物を選択し、美しく景観を演出する。特に都市部では自然が減少し、住民にとって公園や街路、緑地帯などはわずかに自然を感じられる貴重な場所である。そのような場所を増やすことはもちろんであるが、その質の向上も求められるところである。多様な植物を使い自然環境との調和や環境負荷の低減、そして美しく誰もが共感できるようなランドスケープが求められている。ここでは〝花〟に注目してみたい。

日本の花の名所

日本人は花好きである。江戸時代にはすでに庶民まで、園芸文化が花開いており、花見は日本の文化である。花を観るといえば、まず桜で、各地で開花情報が報道され、その時期、土産物屋や飲食店などが立ち並び、地域の経済に少なからず影響を及ぼしている。桜以外でも、藤、バラ、梅、あじさい、椿などの花木類や、菜の花、チューリップ、花菖蒲、芝桜、コスモスなどの草花類が各地で主に観光目的として栽培され、時期になると多くの人でにぎわう。これ

阪神間西宮市夙川のサクラ

北海道ミズバショウ群生地

明石海峡公園　チューリップ

らはほぼ単一種類（多品種の場合もある）で開花時に一斉に見せることが主流である。一面○○畑というインスタ映えのする景観で、誰もが見たときに感嘆の声を上げる。しかし、開花が終わるとほとんど訪れる人はなくなる。

植物園やフラワーパークといったところでは、メインの目玉植物やコレクションをいくつか持ち、季節ごとに植物の見せ場をつくり、一年を通して何らかの花、植物が楽しめるように工夫し、集客に努めている。有料施設では高い管理レベルが要求されるが、経営状況によっては維持できなくなる可能性もある。公的な施設では管理費の削減や管理技術の継承などの課題も多い。

人為的につくられた花の名所だけでなく、自然・半自然の花の名所も各地で見られる。例えばミズバショウ、カタクリ群生地、バイカモなどは季節の便りでしばしばテレビや新聞にも取り上げられる。高山帯のお花畑、北海道の原生花園などは美しい植物群落が成立しているが、このような自然エリアでも、近年の気候変動や開発、自然遷移、獣害、盗掘などから人為的に保全管理をしないと消滅してしまう恐れもある。

人間の農林業などの営みの結果として花（植物景観）の名所といわれるようになった場所も各所に見られる。富良野のラベンダー、美瑛町の丘陵、各地の棚田、菜の花、果樹園、ヒマワリ、れんげ畑、などがその例であろう。これらも農林業の担い手不足で持続が困難なところも多く、富良野のラベンダーは、

イングリッシュガーデンのボーダー花壇（イギリス）

一度消滅しかかったものを観光として復活させ成功した事例である。「花の名所」は継続の危機に直面している所も多いのである。

ガーデンの花

ガーデンは庭園、庭ではあるが、単一植物広面積の花の名所ではなく、その空間で色々な植物が咲き変わり、全体の植栽の雰囲気とデザイン、季節の過程等を楽しむ空間であろう。見頃の時期はあるものの、多品種が次々と咲き変わる、イングリッシュガーデンなどを想像していただきたい。

19世紀の後半に「ワイルドガーデン」を著した園芸家ウイリアム・ロビンソンと同時代に活躍した、イングリッシュガーデンの祖と呼ばれるガートルード・ジーキルは、農村部に残された美しい自生種を保護、育成しそれらを取り入れたコテージガーデンを基本として新しい自然風ガーデンを提唱した。色彩計画を確立し、質感や形状も取り入れ、植物の最も美しい姿を見せるガーデンをつくり上げた(1)(2)。それから百年超、時代とともにガーデンデザインも多様に変化してきている。

日本には世界に誇れる日本庭園というガーデンがあり、まさに自然をそのまま庭に取り込むという点では究極の自然風ガーデンといえるが、日本庭園は木本や石などが主体で、樹木の抑制管理で成り立ち、草本類や花の利用は少ない。ジーキルの庭も、日本庭園もきめ細やかなハイレベルな管理が必要で、近年、

ピート・アウドルフ

気候変動も鑑みた、持続可能な維持管理が大きな課題となっているのは前述の花の名所と同様である。

新しいスタイルのガーデン

20世紀の半ばころから、世界同時多発的に、より自然な風景を創出しようとする手法、ナチュラリスティック・プランティングが各地で広がっていった。その中でもオランダから広まった植物のあらゆる姿を観賞の対象とする動きはダッチウエーブとも呼ばれ、このデザイン手法の立役者となったのが、ニューヨークハイラインやシカゴのルーリーガーデンなどの植栽デザインで一躍世界的に有名になったピート・アウドルフである。

このような自然を追求する植栽手法を確立しようとする動きは、ニュー・ペレニアル・ムーブメントと呼ばれている。自然環境や文化の違う国々で多くのランドスケープデザイナーが実践と模索をし続けている(3)。

映画　ファイブシーズンズ　ザ・ガーデン　オブ　ピート・アウドルフ

令和元年11月30日（土）に兵庫県立美術館ミュージアムホールで右記映画の上映会とトークイベントを当校主催で開催した。

当作品は、前述のガーデンデザイナー、ピート・アウドルフの作品と生涯を追うドキュメンタリー映画で、２０１７年に制作された作品である。

ピート・アウドルフは植栽に雑草を取り入れたり、枯れた植物にも美しさを

監督のトーマス・パイパー（右）とピート・アウドルフ

見出したりと〝美しさ〟の常識を覆し、また革新的なアイディアによって庭園や公共スペースの可能性を広げてきた。本作は秋・冬・春・夏・そして秋と5つの季節にわたってピートによりそい、その唯一無二の創造過程を明らかにしたものである。彼の最新にして最高傑作とされるアートギャラリー「ハウザー＆ワース（サマセット、ＵＫ）」とオランダ・フメロの自庭を軸に、世界各所にある彼がデザインしたガーデンやインスピレーションの素となる植物の自生地にも足を運び、「美しさ」の発見に魅了される映画である。http://www.ikor-no-mori.com/fiveseasons/（デモ動画あり）。

日本では北海道のガーデン「イコロの森」が配信元となっており、２０１８年10月にイコロの森で上映、その後、２０１９年度まで21回ほど各地で上映会、劇場公開されている。

監督のトーマス・パイパーは現代画家や彫刻家、写真家、建築家、作家など名だたるアーティストを撮影してきているノンフィクション映像作家で、もちろん植物の専門家ではない。

映画の撮影は監督自身が撮影の中で発見したこと、ガーデンを見る目の変化を観客と共有したかったと述べている。そして、今まで撮影したドキュメンタリーと異なる点は生物を材料にしていることが予想しなかった複雑さで、非常に興味深く魅力的だったとも語っている。

オランダ・フメロの「アウドルフ　プライベートガーデン」

このような視点で撮影されているので、植物やガーデンを知らない人でも素直にこの世界観に浸れる作品である。そして、なんといっても映像が美しい。美しい花はもちろんであるが、花後の枯れ行く姿などの描写が素晴らしい。タイムラプスが効果的で、時間軸の経過がよく理解でき、植物が生き物で、姿や色の変化がよくとらえられていて、ピートが意図するところの植物の様々な姿を愛おしむ目が養われるようである。

ピートは、種々の仕事を経験した後、植物と出会い、オランダのフメロという町にナーセリーを開いた。自ら多くの植物を育成管理し、ナーセリーは評判になり、国内外から人が訪れるようになった。色々なアイディアや新しい植物などをフメロのガーデンで試し、そこはショールームでもあり、実験の場でもあったようだ。映画の中で多く登場したフメロのガーデンは残念ながら２０１８年に閉鎖され、非公開となっている。

映画は彼のガーデンデザインが最も輝きを見せる秋のフメロのガーデンから始まる。そして冬、春、夏はフメロのほか、ハイラインやルーリーガーデンなど彼の代表作品や郊外の自然エリアでの植物探索などのシーンも織り交ぜている。誰もが彼のガーデンを見てどのように造っているのか、デザインの手法などが興味のある所である。映画では彼のガーデニングの手法について、イギリスサマセットのハウザー&ワースのガーデンの制作過程で垣間見ることができ

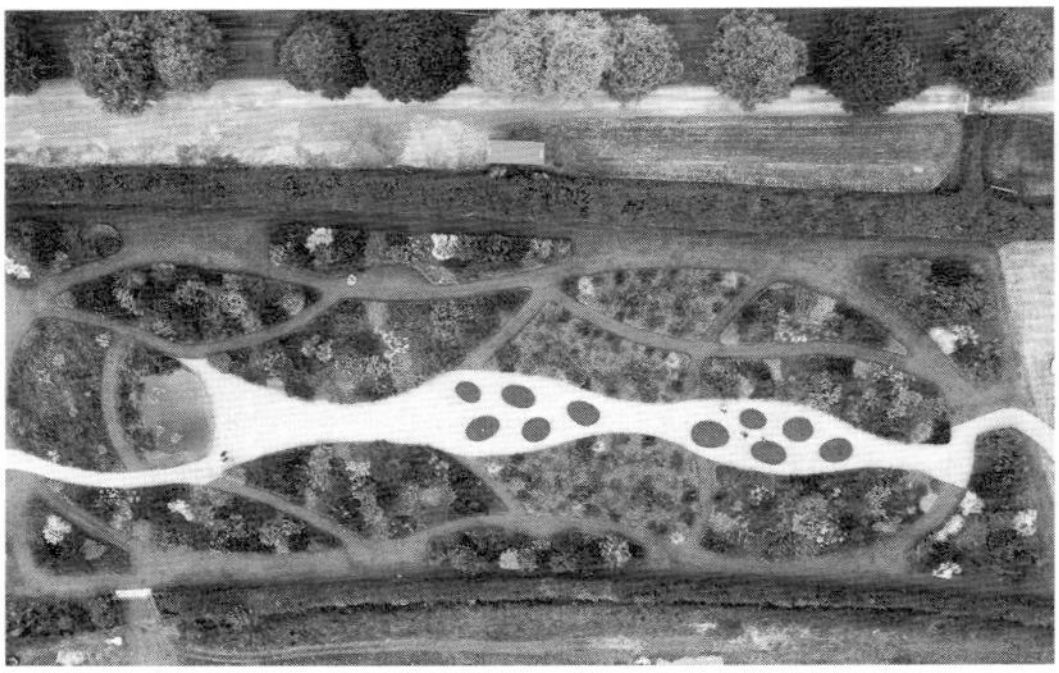

イギリスサマセットのハウザー＆ワースのガーデン（右図面の実物）

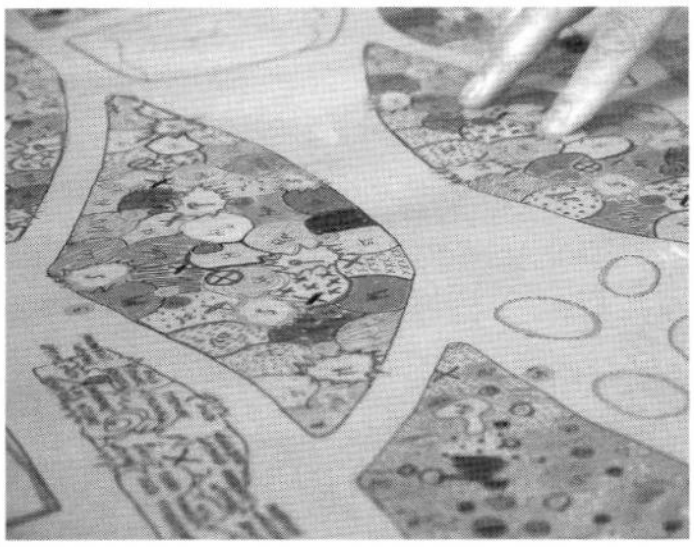

美しい図面

る。そして最後の場面の秋はこのサマセットの最新ガーデンのドローン映像が映し出される。

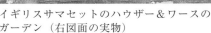

美しい図面

ピートの図面は手書きで、ガーデンの構想ができたらそこに使用する植物を数十種類選択し、リストを作成（パレットと呼んでいる）、それをもとに図面にイメージを浮かべながら落としている。トレーシングペーパーで時間軸や植物の動きなどのレイヤーを重ねて仕上げていく。以前は白黒で描いていたが、現在は植物の特徴や色を記号化したようにカラーペンで微妙な色や印を用いている。その図面は芸術的ともされ、サマセットのグランドオープン時にはギャラリーで図面の展示を行っている。

図面は100対1で描かれ、およそ3㎝四方を目安に一種類を入れ不定形なブロックを作って、計画をしていく。このようなデザイン方法をブロック、またはグループプランティングと呼び、公共ガーデンなどでよく使う手法だそうだ。それとは別にマトリックスプランティングといって、優先する種類を決め、その群落の中から他の植物が所々に出現するようなデザインでより自然な感じに表現できる高度なデザイン方法も使う。このような手法を組み合わせ、複雑な植栽デザインを創出している。図面は、工事の積算や施工などで必要なため描いているが、完成図はないとも語っている。デザインの基本はあるが、植物

ヒロハマウンテンミント（*Pycnanthemum-muticum*）のシードヘッド

書籍『ドリームプランツ』

の生育に合わせて変化していくものなのである。図面をもとに正確に植栽地にスプレーで線を描き、ポット苗を指定数並べて植栽する。場合によって、現場で手直しなども行っていく場面も映画には登場する[4]。

植物の選択とメンテナンス

映画でも紹介されている、彼とヘンク・ヘリツェンの共著『ドリームプランツ』は、１２００超の植物が紹介されている[5]。この本は１９９９年に出版されたもので、長年の栽培管理の観察のなかで、植物を厳選し解説している。選択の基準はナチュラルガーデンにおいて信頼できるものとして、ローメンテナンス（農薬や化成肥料などを使わない、倒れにくい、掘り上げ株分けなどが少ない）であることとされている。また、茎刈はシードヘッド（花の咲いた後の種子をつけた姿）やスケルトン（植物の骨格）を楽しむためにすぐには行わない。無農薬で、その場所で生態系ができるようなデザインを目指しているため、昆虫や鳥類なども増え、生物多様性には貢献できる植栽方法である。ニューヨークのハイラインではこの植栽がされてから生物の多様性が爆発的に増えたと報告されている。多くの鳥類や昆虫類が生息し、除草剤や農薬を使わないことで住民も安心して利用できる[6]。

侵略的な種類は排除するが、外来種については「行儀が良ければかまわない」としている。シカゴのルーリーガーデンではおよそ半分、自生種を採用してい

エキナセア

る(7)。フメロのシーンで「手をかけていないように見えるが手はかけている」「自然のように見えるが自然にはない景色」とも語り、いずれにせよ、信頼できる管理者の存在がプロジェクトの成功には欠かせない。

●ピート・アウドルフの言葉（映画および著作等の中で）

ガーデン空間は、日本庭園でもそうであるように、ある種の結界のようなものが張られた、心を揺さぶられるような空間で、それゆえ癒しや瞑想など精神世界と深いかかわりがあると感じる。ピートのデザインは人が遺伝子的に持ち合わせている自然への望郷のような感覚を呼び起こすのであろう。ランドスケープとは本来そういうものではないかと彼の言葉が心に響く。

「本当の美しさは人生の旅の中でめぐりあう」

「ガーデンでは植物の誕生、成長、死に直面し、それが繰り返される。ガーデンに四季があるように人生にも四季がある。自分は初秋くらいかな、植物は春になってまたよみがえるが人はそれができないけどね」

「ガーデンに何を植えるかということは未来に対する約束である」

「僕のガーデンデザインは植物だけでなく、感情、空気感、思いをめぐらす感覚を引き起こすもの」

●日本での宿根草ガーデン

１９９０年代のガーデニングブームで一躍脚光を浴びたイングリッシュ

札幌駅前ビルの屋上ガーデン

ガーデンは華やかで美しく、宿根草の人気は高まり、多くの品種が流通し各地で植栽されたが、高温多湿の本州以南では栽培管理が難しいものも多かった。北海道では古くは１９９０年ころからそのような観光ガーデンもあったが、２００８年頃より次々と宿根草主体のガーデンが造られてきた。当初は、従来のイングリッシュガーデンのような美しい花々を主体としたものだが、最近はナチュラリスティックガーデンの手法も増えてきている。東京や横浜の公共スペースや関東近郊でも採用されているが、西日本ではまだ少ない(8)。

淡路島での試み

欧米の美しいガーデンの宿根草は、高温多湿の本州の低地では難しいものも多いが、日本や中国原産のものも多くみられる。ニュー・ペレニアル・ムーブメントに見られるような植栽の考え方を持ってすれば暑い地方でもその地方に合ったナチュラリスティックガーデンは可能である。

ピート・アウドルフのようなガーデンを造るのではなく、また単に自生種だけでガーデンを造るのでもなく、環境に合った植物を見極め、効率的な管理手法を見出し、ローメンテナンスで美しい持続可能なガーデンを模索するため、２０２０年４月に淡路景観園芸学校の敷地内に宿根草ガーデンを制作した。

この試みでは、梅雨時の長雨、夏場40℃近くになる猛暑、熱帯夜、強風、台風、といった悪条件に耐えうる植物をある程度それまでの知見で選択し、加え

6月末、エキナセアやアキレアが満開

屋上ガーデンの植え付けの様子

てグラス類、シードヘッドをつける植物を入れ、その観賞価値や期間などについても調査することとした。

ある程度の面積、日照条件、獣害回避、潅水設備などの点から、食堂の屋上が適していると考え、既設の屋上庭園を再整備し、制作することとした。植栽帯の形状はほぼそのままで、用土も現状の屋上緑化用のものを、植栽時のみ緩効性化成肥料を元肥として混入し利用した。植栽面積は40㎡となった。

宿根草36種、グラス類26種、計62種230株を植栽し、種類ごとの生育や管理方法について観察、実験をした。植物の種類は梅雨を境にその前後に開花するものをそれぞれ選択し、特にシードヘッドが長く保てることに着眼した。植栽当初と夏場の猛暑を乗り切るために簡易な自動潅水装置を蛇口に取り付け、手動と併用した。植物は思っていたより順調に生育し、雑草抑制のマルチング、二度咲きや台風対策のための切り戻し、シードヘッドの夏越し状況などいくつかの管理の観察結果も得られた。また、このような植栽や観賞方法についてのアンケート調査も行い、人々の見る目の変化を考察した(9)。今後、持続可能などの点についてはもう少し年数をかけて観察を続ける必要がある。

積雪地では根雪の前に茎刈りなどの作業を終わらすことが一般的だが、淡路島などの温暖地は、積雪がほとんどなく、シードヘッドやグラス類などの観賞期間が長い。その点では盛夏はやや見劣りはするが、秋から冬の宿根草ガーデ

9月下旬、ペニセツム‘カーリーローズ’、ルドベキア‘タカオ’

ルリマツリモドキのシードヘッド

ンは素晴らしい景観を見せてくれる可能性を感じる。これには枯れたようなグラス類やルドベキアの花の痕なども植物の一つの姿として愛でるという見る側の感性が必要である。花や緑の自然が好きというのは一年を通してそういう目を持つことが重要なのであろう。また、暖地ならではの常緑の草本や低木類などを取り入れることで、特徴的なガーデンを創出することも期待できる。そして、デザイナーは草枯れの時期でも美しく見られるような植物の選択や組み合わせができ、管理にも精通する力量を身につけなければならない。

当校のキャンパス内の宿根草ガーデンに毎月1回程度、ボランティアの方々に除草や茎刈などの管理をしていただいている。映画の鑑賞会もその方たちは来ていただいたが、映画鑑賞後、宿根草の手入れ時に、シードヘッドの付いた茎刈をしないでほしいとお願いしたら、すぐに理解していただけた。

このようなガーデンはまだまだ有料の観光ガーデンなどでは受け入れられるには時間がかかると思うが、公共のランドスケープやコミュニティガーデンなどではローメンテナンス、生物多様性、エコロジカルなどの点からでも採用されることに期待したい。しかし、日本の暖地では雑草の生育スピードが速く、強健で手ごわいものが多いことも忘れてはならない。そしてその場所での植物管理に精通したリーダーが必要であることも。

【参考文献】

（１）宮前保子（２００１）『〝イングリッシュガーデン〟の源流』学芸出版社　pp190
（２）ガートルード・ジーキル、土屋昌子訳『ジーキルの美しい庭』平凡社　pp230
（３）新谷みどり（２０１７）『NATURALISTIC GARDEN』青菁社　p8～11
（４）Rory Dusoir（2019）『Planting the Oudolf Gardens at Hauser & Wirth Somerset』Filbert Press　pp208
（５）Piet Oudolf & Henk Gerritsen（1999）『Dream plants for the natural garden』FRANCES LINCOLN　pp144
（６）Rick Darke（2017）『GARDENS OF THE HIGH LINE』Timber Press　303
（７）Piet Oudolf with Noel Kingsbury（2011）『Piet Oudolf Landscapes in Landscapes』Thames & Hudson　156
（８）blog.iris-gardening.com/archives/5241233.html
（９）上田和子（２０２０）温暖地における宿根草ガーデンの制作とその展望
OUDOLF.com

ピート・アウドルフ。フメロにあるスタジオにて。デザイン構成には高い集中力を要する

自然と共鳴するガーデンとランドスケープ

田辺沙知

はじめに

「Five Seasons：ガーデン・オブ・ピート・アウドルフ」（原題：Five Seasons：The Gardens of Piet Oudolf）は２０１７年の初公開以来、全世界の庭好きが注目したドキュメンタリー映画である。国内でも映画館での上映を筆頭に、園芸関係者の上映会など各地で行われてきたが、２０２０年はコロナ禍もあり、オンライン上映も実施された。この情勢の中でも、共通の興味やコミュニティに所属するもの同士でバーチャルでも集える機会を設けたい、という監督トム・パイパー氏の意向だ。

本映画では、第一にプランツマンであり、デザイナーであるピート・アウドルフの人となりが垣間見えて、実際に彼の作品を見たことのない人にとっても視覚的にとらえることができる。これまでに、「庭」にまつわる実在の人物や植物・デザインにフォーカスをあてたドキュメンタリー作品は数少ない。教育的な観点からも貴重な映像であることや、デザインの背景にあるフィロソフィーへ共感する点があることも、注目を集めた大きな要因ではないだろうか。

今、文化的・社会的多様性や生物多様性をランドスケープデザインに取り入れる方法が模索される中で、改めて人類と自然との関係を振り返り、特に都心部では再び親密な体験をできる景観づくりが見直されている。その上でも植栽デザインは大きな役割を果たすが、ここでは、そんな近年の海外でのランドスケープやガーデン事情と北海道苫小牧市にあるイコロの森を取り上げ、たくさんあるトレンドの中から、ごく一部を紹介する。

自然を求める庭づくりの背景

世界的に近年好まれる野趣あふれる植栽デザインは、今に始まった考え方では実はない。映画にも登場するナチュラリスティック・プランティングの背景には、産業革命など高度な発展とともに失われてゆく自然環境に目を向けた先人の欧米の園芸家や自然活動家などの思想がある。

それら自然主義の始まりの一つとも言われるのが1870年に出版されたアイルランドの園芸家ウィリアム・ロビンソンの著書『The Wild Garden』だ(1)。人の手が入りつつ、周辺の森や原っぱの自然環境に外来種も馴染ませ「自然」な庭を創り出すアプローチは、今なおイギリスの田園風景や土地柄を細やかにデザインに活かすベス・チャトーやダン・ピアソン、サラ・プライスのガーデンなどにも影響が窺える。

20世紀に入り、オランダでは女性造園家ミーン・ルイスが、ガートルード・ジー

イギリスのトレンサム・ガーデン。写真のピート・アウドルフの手掛けたエリアの他にもトム・スチュアート・スミスとナイジェル・ダネットのそれぞれのアプローチが垣間見えるエリアがある

キルの絵画的な色使い、ロビンソンのナチュラリズム、バウハウスのスッキリしたモダンな線を取り込みながら、独自のコンテンポラリーなスタイルを確立していく。１９７０年代・８０年代には、トン・テー・リンデン、ロブ・レオポルド、ヘンク・ヘリットセンとピート・アウドルフが中心となり伝統園芸から離れた新たなガーデニングスタイルを求め、実験を繰り返していた。装飾的な園芸植物ではなく、季節折々の植物の個性に注目する独自の観点や芸術的な発展を求める、革新的な動きだった。

同じくドイツでは、予てからの生態学的要素を取り込む庭づくりに基づき、トライアル・ガーデンのヴァイヘンシュテファンやカシアン・シュミットが現所長を務めるハーマンスホフにおいて、自生する生息環境と植物群落に着目した科学的かつ技術的なアプローチがなされていた。

アメリカでも20世紀後半には樹木、芝と建築という単一的なランドスケープから大草原地帯のプレーリー植生に見られるグラスや宿根草を用いた、野性味ある植栽デザインが都市部の景観を少しずつ変えてきていた。

こういった流れが欧州で本格的に浸透し始めたのが２０００年代のことであり、現在注目される植栽デザインの多くは彼らの活躍やインスピレーションを受け、融合されたものと言っても過言ではない。

イギリス・シェフィールド市内の Grey to Green Project。「みどり」になってこの空間を活用する人が増えた（credit: Nigel Dunnett）

近年のトレンド

宿根草を用いた植栽は公共空間でも定着しつつあり、現在もなおデザインの可能性を広めている。近年では美しいランドスケープであるとともに、特に都市化や資源の枯渇に順応したエコロジカルな役割を果たすかどうかといった多機能性がキーポイントとなっている(2)。

各国での山火事や大雨洪水、ヒートアイランド現象といった気候変動の影響は年々深刻化している。公共空間ではこの影響を無視することはできず、災害に対応できる回復力のあるランドスケープの需要が高まっている。壁面や屋上緑化、中央分離帯といった、あらゆるオープンスペースやハードスケープを活用し、そこに土壌と植物のバッファーを創ることの緊急性が近年のデザインに多く反映されている。

シェフィールド大学教授のジェームス・ヒッチモーやナイジェル・ダネットらは、種子ミックスの散布や多様な植物群落の組み合わせを植栽デザインに組み込むことでローインプット・ハイインパクト（最小の投資で最大限の効果）を得ている(3)。シェフィールド市の Grey to Green プロジェクトでは、四車線道路を半減し、新たにレインガーデンとバイオスウェールを導入している。本来機能性だけが求められるような空間に、あえて景観的にも魅力のある植栽をデザインすることで、生物多様性に加え、日常的に利用する人も緑の空間と

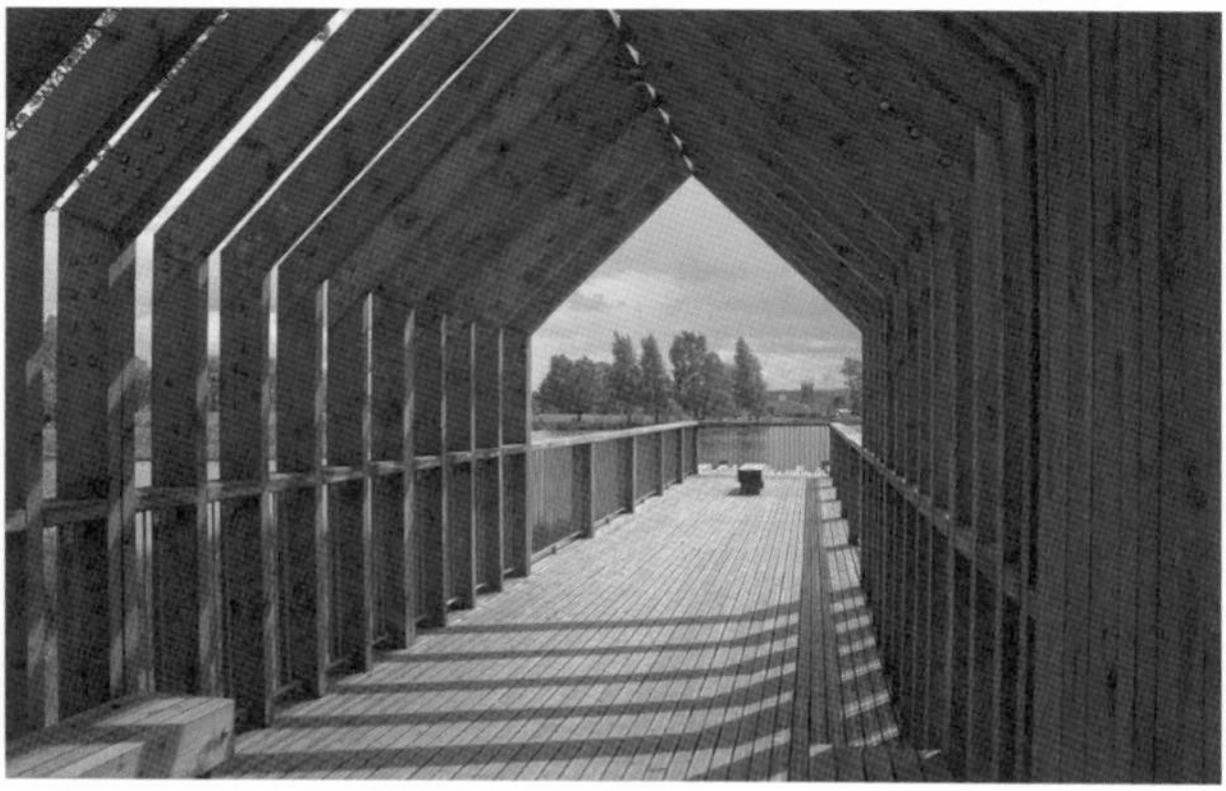

フォースバレー王立病院。周辺の自然環境と医療施設をつなげる有効な事例(credit: Landscape Institute)

して楽しめる要素が加わった。本来アスファルトのグレーが目立つ空間だった屋上も宿根草や低木を用いたナチュラリスティックな植栽が取り込まれている。ロンドンの中心にある商業・居住複合施設のバービカンも近年における良い例である。本来の自動灌水システムを廃止し、厳しい環境にも耐えうるステップ植生の植物を植栽に組み込み管理手間や水利用を大幅に削減し、訪れる人にとっても癒しの空間として機能している。野性味あふれる植栽デザインを手がけるトップデザイナーと呼ばれる彼らも、失敗を恐れず、新たな植栽デザインや空間の可能性へ挑むチャレンジ精神が、機能的かつ景観的に美しいランドスケープやガーデンづくりに繋がっているのだろう。

また、グリーンスペースの身体的・精神的な回復効果も見直されている。ピート・アウドルフの現在手掛けるプロジェクトの中にもデンマークの医療施設の屋上庭園がある(4)。本来自然の中に身を置いたときに得られる高揚感や安らぎの感覚を呼び起こすデザインとなり、施設を利用する者の治療面の作用に期待する。スコットランドのフォルカークにあるフォースバレー王立病院では、周辺の森林へのアクセスを明確化し、イギリス初の森林を活用したリハビリプログラムやマギーズセンターの設立と病院内の複合的なランドスケープを一変させたことでランドスケープ・インスティチュートの Building with Nature National Award 2020 を受賞している(5)。フィトンチッドや自然に触れることによるメンタルヘルスや身体的な改善についての文献はたくさんあるが、そういった身体的、精神的なウェルビーイングはもちろん、社会的な健全さを配慮したランドスケープが今求められている。特に今年の情勢では、緑の空間が安全な逃避場所として機能することに重きが置かれる。

2020年：コロナ禍の傾向

国内では緊急事態宣言や不要不急の外出自粛が求められているが、欧米の多くの国はロックダウンや警戒レベルに合わせた規制が行われ、自宅で過ごさざるを得ない状況となっている。それに伴い、公共のオープンスペースや公園、有料ガーデンが閉園となり、当たり前にあったグリーンスペースの重要さを再確認するような一年となった。

ニューヨーク州のドミノ・パークでは、パンデミックの間も公園利用が安全にできるように、ソーシャルディスタンスを保った円形のソーシャル・サークルを芝生に印字するアイデアを用いた(6)。ガーデンでも予約制の時間差訪問といった様々な対策が講じられている。屋外での過ごし方に変化が見られ、今後一層に健康と安全を加味した空間が求められている。

個人レベルでも健康・安全・ウェルビーイングへ意識を向けた庭づくりが主流となってきている。多くの人はコミュニティガーデンに出向いたり、身も心

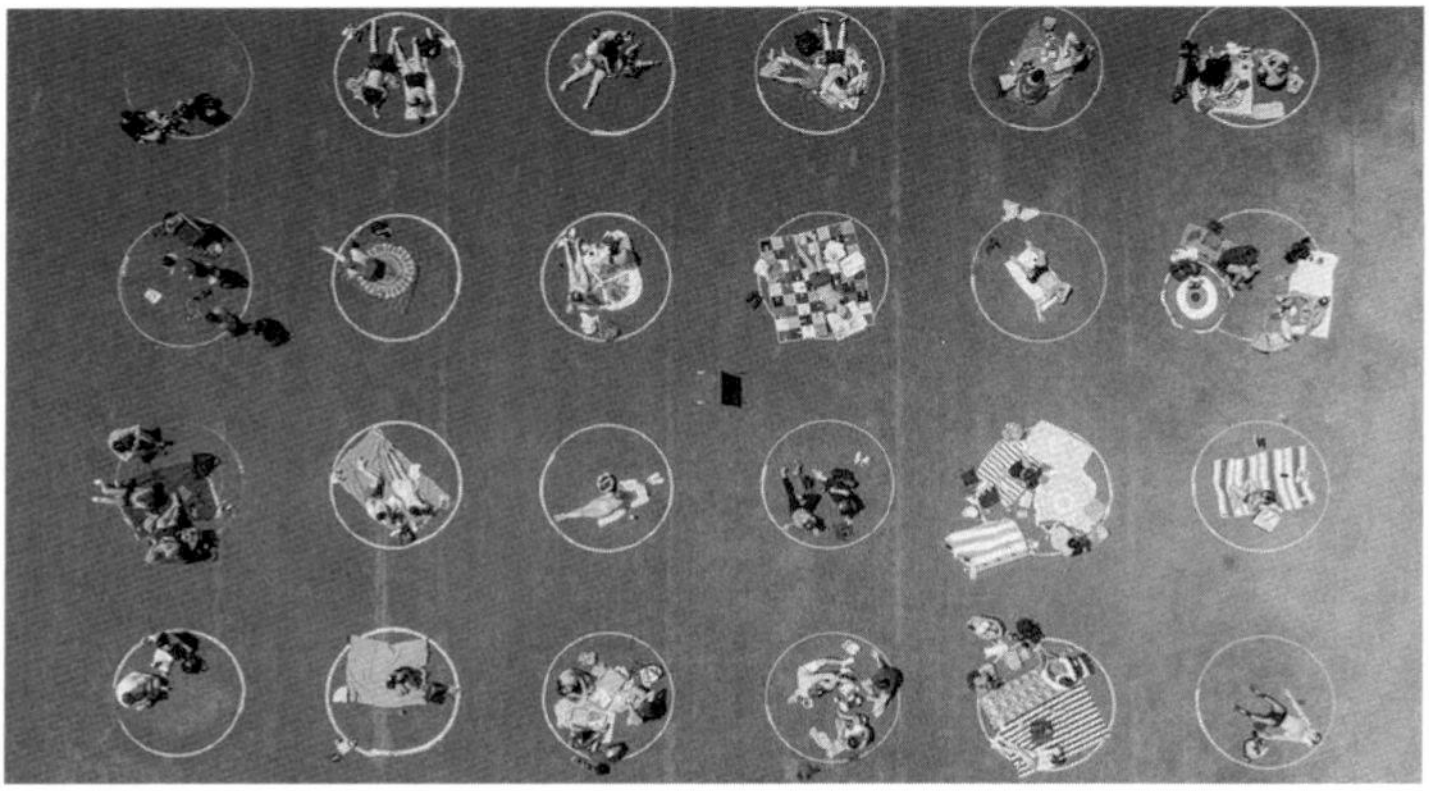

ハイラインを手掛けたジェームス・コーナー・フィールド・オペレーションズの設計した公園、ドミノ・パーク。コロナ禍も公園利用を安全に実施できるようにソーシャルサークルを導入
(credit: © Marcella Winograd)

晩秋まで楽しめるシードヘッド

も養える環境を求めた。自然に回帰する"Rewilding"（再自然化）の動きもあり、化学肥料や除草剤、殺虫剤、殺菌剤の使用を禁止・オーガニックな商品に切り替えたり、ピートフリーの培養土利用、蜜源植物の導入、コンポストづくりなどをガーデニングに取り入れる(7)。体内に取り入れる食物にも気を配り、野菜やハーブのオーガニック栽培に自ら挑戦する人も多かったと聞く。単純に自宅で過ごす時間が増え、初心者であっても生活に取り入れやすかったのも理由かもしれないが、無意識に植物・自然とのつながりを求めている現れとも考えられる(8)。メンタルヘルスの維持や生活のクオリティー向上を図る上で、小規模でも植物に囲まれた空間があることは多大な効果が得られる。

将来的にこのような動きが一過性のものとしてではなく、一般家庭にも定着していくことをこの業界に関わる者としては願いたい。

北国における宿根草植栽の可能性

北国、ことに北海道におけるガーデニングの最大の特徴は宿根草の生育に適した気候にある。本州では蒸れと猛暑をいかに乗り越えられるかが宿根草を用いた植栽では懸念点だが、北国では植物の越冬の可否がキーポイントとなる。道内であっても地域により積雪量や気温はまちまちだが、実質一年の半分は土壌凍結したり、雪に覆われる。近年では、少雪、シーズン中も台風の被害や

秋に最も色鮮やかになるオータムボーダー

内陸での猛暑日など、温暖化の影響と思われる変化も見受けられ、今後は生育できる植物に変化が徐々に増してくるかもしれない。

春から秋の6カ月に凝縮された生育期間の中で、エフェメラルな植物、開花期以外の草姿や骨格に価値を見出すことで季節性とガーデンとしての構成が充実し、それがガーデニングの醍醐味でもある。瑞々しい季節の終わりを告げるとともに紅葉から褐色や銀色、漆黒に色褪せていく様子や立ち枯れ姿の美しいグラスやシードヘッド。緑の時期が限られているからこそ、花と花色以外の植物の楽しみ方を見出すことが季節を引き伸ばす上でもポイントとなり、北海道の宿根草ガーデンの魅力でもある。

なお、北海道は庭の植物についての文献が本州に比べ圧倒的に少ない。耐寒性の指標となる米国農務省のハーディネスゾーンをよく参考にするが、積雪など地域によって気候が大きく異なるため、あくまでこのハーディネスゾーンも一つの指標でしかない。実験と知見によってこの環境下での植物の特性を知っていくケースがほとんどであり、美しさの幅を広げたり、試行錯誤を繰り返していくことが、生活を豊かにする心を育んだり、今後のガーデンの可能性を大きくしていくポイントであろう。

日本人は従来、自然と近しい距離で生活してきた民族でもあり、四季折々の日々の変化を敏感にキャッチする感覚がＤＮＡに組み込まれているはずだ。装飾的な園芸植物やイングリッシュガーデンに慣れ親しんできた中では、花以外の時期に美しさを見出す感性を鍛える必要があるかもしれないが、季節の変化を楽しむ文化と自然味に満ちた植栽デザインは、共通の美意識として受け入れられていくのではないかと筆者は考えている。

イコロの森のドライガーデン。樽前山の礫質の土壌を生かしたローメンテナンスな宿根草ガーデンの一例

イコロの森の挑戦

北海道にはもとの雄大な自然と植物があり、それらを活かしたガーデンや観光庭園が数多く存在する。イコロの森もその一つである。新千歳空港から間もない場所に位置する苫小牧の森の中にあるガーデンだ。もともとは炭焼きの林として、炭材に適したカラマツなどが植林されていた二次林。製炭業が廃れるとともに森に手が入らなくなったが、健全な森林育成と整備を試みようとしたことからイコロの森が10年以上前に発足した。

ガーデンは、安心安全な環境で、自然とのつながりを感じられる玄関口としての役割を果たしている。意識的にそういう場面に繰り出さないかぎり、人口過密な都市では特に自然とのつながりが薄れてきている[9]。さらに、一般的にはプラント・ブラインドネスという、個々の植物の区別がつかずに見過ごしてしまう偏見があると言われる。ひとつひとつの植物が分からなくても、感覚的に気持ちよく過ごせる場面と思ってもらえるような庭づくりを心がけている。

右：8月開花時のアスクレピアス・インカルナタ'アイスバレー'。貴重な蜜源となる。左：秋の様子。鞘からはちきれんばかりにこぼれ出る種が魅力的

札幌からさほど遠くない距離にあり、季節の変化やひとつの風景としての植物の美しさ、緑に囲まれた時の癒し効果を味わうことで、生活の糧となる感覚が生まれることを狙う。

イコロの森周辺の地域は、樽前山の火山礫で構成され、夏は冷涼であり、冬季は少雪な地域。雪国の北海道の中でも、珍しい気候かもしれない。豪雪地帯では雪対策が大変な一方で、一度根雪となれば、雪の下は零度前後で一定の温度が保たれる。ところが少雪な地域では寒さがそのまま地面に伝わり「凍れる（しばれる。凍りつく意）」という言葉がピッタリの、人間にも植物にも厳しい環境である。

宿根草は、それぞれの開花期は短いものの、季節感の表現には有効な植物だ。タフで、花後も鑑賞価値のあるもの、光や風をとらえるグラスなどを植栽に取り入れることで、ガーデンの「見頃」を最大限延長できる。また、秋はイコロの森の色彩の真骨頂といっても過言ではない。木々の紅葉、草花の草紅葉のリレーから黒く色づいて、落ち着いた朽ち褪せていく世界、草花のスケルトンが残る様子。これらをあえてガーデンに残すことは、プラント・ブラインドネスをなくす目の訓練にもなり、美しいと思える幅が広がるお得感があるのではないだろうか。

アスクレピアス・インカルナタなどはいい例だ。7月に咲く花はその時期咲

冬季にばん馬を用いた馬搬。重機の入りにくい場所や踏圧を最小限に抑えられ、森の伐採木を運び出す

いている植物に比べて見劣りするほど地味なもの。秋の忘れた頃に鞘の中にみっちり詰まった種が目を引き、裂けて中からフワフワ飛来する綿毛が実に魅力的な植物だ。人間の目では一点、夏の鑑賞価値が見劣るものでも、チョウ（イコロの森ではよくヒョウモンチョウを見かける）にとっては貴重な蜜源となる植物だ。アスチルベなども花色が美しいが、しっかりした骨格を持つため、秋にかけて色が抜けていく姿も楽しめる。これらはこの地に合った植物の振る舞いや管理に関わる者の中での鑑賞価値の意思確認をしながら試行錯誤を行い、日々変化する。

２０２０年の秋には、有料エリアの玄関口にあるオレガノが群植された花壇の改装が行われた。年を経て、球根やダイナミックなアリウムやバーバスカムを追加してきたが、今回心機一転した植栽となる。見た目はシンプルだが、季節ごとに表情を変えて来園者をウェルカムする、気負わないデザインである。これまで肥沃な土が鉄則とされてきたが、礫質の土壌を生かしたローインプットな試みである。青々としたグラスをベースに春先の球根から秋の紅葉、シードヘッドまで、環境に合わせた楽しみ方をショーケースする場面として期待している。常に変化を遂げることはガーデンの魅力でもあり、比較的短期間で表情を表す宿根草だからこそ成し遂げられる挑戦でもある。

●分野を超えたコラボレーション

イコロの森の施設内にはガーデンの他に、ガーデンでコーヒー豆の焙煎を行うガーデンカフェ、乗馬体験のできる乗馬クラブと主に子供を対象にした自然学校が複合的に活動している。残ったコーヒーかすや馬の糞は、いずれ花壇に戻る堆肥として再利用される。森の中の倒木や間伐材は、馬搬により運び出され、子供達の薪割りで作られた薪はカフェのストーブなどに使われる。木材によっては道内の木工作家の手によって花瓶や木皿となって新たな息を吹き込まれてイコロの森に戻ってくる。小規模の試みではあるが、多分野のエキスパートの協力と資源の再利用によって、循環型のイコロの森の管理が少しずつ形となってきている。

今後は、さらに多岐に渡るスペシャリストとコラボレーションをしていく需要が、フレキシブルで面白いプロジェクトを実現する上でも必要不可欠になっていくのではないだろうか。

【注】

（1）Oudolf, Piet and Kingsbury, Noel（2015）Hummelo, The Monacelli Press

（2）Holmes, Damian. "Landscape Architecture trends for 2020 and the coming decade" <https://worldlandscapearchitect.com/landscape-architecture-trends-for-2020-and-the-coming-decade/> 2020年1月21日

（3）Dunnett, Nigel（2019）Naturalistic Planting Design : The Essential Guide, Filbert

Press
（4）“Attached to the World : Piet Oudolf on the Garden of Life” <https://www.hauserwirth.com/ursula/29413-attached-world-piet-oudolf-garden-life> 2020年11月28日
（5）“Landscape Institute Awards 2020” <https://awards.landscapeinstitute.org/finalists/> 2020年11月26日
（6）Harrouk, Christele. “Domino Park Introduces Social Distancing Circles to Adapt to the COVID-19 Crisis” <https://www.archdaily.com/940244/domino-park-introduces-social-distancing-circles-to-adapt-to-the-covid-19-crisis>2020年5月25日
（7）Ebert, Jennifer “Rewilding is the latest garden trend to know -10 ways to rewild your outdoor space” https://www.homesandgardens.com/news/rewilding-garden-trend> 2020年10月25日
（8）Atkinson, Jennifer. “Why the Covid Gardening Boom is About More than Food” <https://www.earthisland.org/journal/index.php/articles/entry/covid-gardening-boom-about-more-than-food/> 2020年6月10日
（9）Richardson, Miles. “A New Relationship with Nature: what it means and what we can do” <https://findingnature.org.uk/2020/04/08/a-new-relationship-with-nature/> 2020年4月8日

会場内の室内仮設展示場（ロンドン）

会場風景

column

チェルシーフラワーショー２０１９に見るガーデンのこれから

佐藤末季

チェルシーフラワーショーは、王立園芸協会（ＲＨＳ）によって主催され、毎年5月に英国のロンドンで開催される約１００年の歴史がある世界最高峰のフラワーショーです。

私達が出場した２０１９年の大会では、５日間の会期中に、世界中から16万９０００人以上が訪れました。会場には、メダルを競う26のショーガーデン、キャサリン妃とランドスケープアーキテクトが共同出展した庭などの展示が2件、巨大な室内仮設展示場では、最新園芸品種のコンテストやフラワー装飾の大会も行われ、ガーデンデザインや造園だけではなく、園芸、花卉栽培、生花の分野を横断的に網羅した、世界の最先端を集めた緑とガーデンの祭典と言えます。エリザベス女王をはじめとした王室も古くから関わりが深く、国をあげてのイベントとなり、街中が色とりどりの花で飾られます。サマードレスの女性達が闊歩し、フラワーショー仕様のピンクのタクシーが走り、ロンドンの街全体がフラワーショーの熱気に包まれます。

ショーの内容は、英国放送協会（ＢＢＣ）によって、工事風景やバックグラウンドなどが会期前から放送され、会期中には、昼と夜の1日2回、全14回15

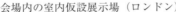

野趣溢れる植栽例
（The Savills and David Harber Garden）

森林の庭の例
（The M&G Garden）

時間の番組が、全世界およそ250万人の視聴者へ届けられます。放送内では、各ショーガーデンや注目の園芸品種が紹介され、デザイナーは、タッグを組んで庭を造ったスポンサーの企業理念や社会的なメッセージを込めたガーデンのコンセプトを語ります。また、BBC以外での放送や新聞・雑誌等の記事までを含めると、全世界およそ8000件の報道で取り上げられ、ショーガーデンという作例を通して、これから目指したい庭のかたちと在り方が、強いメッセージを伴って世界中へ発信されます。

緑化によって自然を再生し、生物多様性と環境に配慮した素材やデザインを吟味し、持続可能なデザインであることは、出願段階から説明を求められ、出場するすべての庭の必要不可欠の要素として定着しています。その上で、2019年の大会で強く感じたのは、自然の持つ人の心身を癒す力の大切さと、子供の学びや、家族や地域コミュニティーのコミュニケーションが生まれる場としての空間創出の重要性でした。

具体的には、日本から輸入され、近年注目されている森林浴と木陰を楽しむWoodland Garden（森林の庭）で、改めて樹木と森林の持つ癒しの力が注目され、バターカップやグラス類等、野原に自生する植物が混植されたマットを用い、ナチュラリスティック植栽をさらに進めたワイルドな自然をそのまま取り込んだ地被植栽が目立ちました。また、ワクワクする森の中のツリーハウスやブランコで、親や地域コミュニティーの住人と子供が一緒に学んだり遊んだ

コミュニケーションが生まれる場をデザインした「漢方の庭」（左）、「Family Monsters Garden」（右）

りする空間や、一方で、孤独感や問題を抱えた親子が、落ち着いた色彩の背の高い植物に囲まれた安心感のある庭の中で、一つのベンチに座って自然と話すきっかけが生まれる「コミュニケーションの場」としての庭の役割の重要性が社会的なメッセージとして発信されました。

これまでの一部の人だけ利用できた庭のあり方から一歩進んで、社会的問題に対して、自然の力に目を向けながら、心身の健康回復と家族や地域のコミュニケーションの場としての社会的役割が、ランドスケープデザインとガーデンデザインの境界を越えて強く求められていると感じました。

【参考文献】

・王立園芸協会（RHS）「RHS-CF21 Why Exhibit」2021.1.10.
https://view.publitas.com/rhs-2/cfs21-why-exhibit
・王立園芸協会（RHS）「The RHS Back to Nature Garden」2021.1.10.
https://www.rhs.org.uk/shows-events/rhs-chelsea-flower-show/history/2019/gardens/the-rhs-back-to-nature-garden
・王立園芸協会（RHS）「The Savills and David Harber Garden」2021.1.10.
https://www.rhs.org.uk/shows-events/rhs-chelsea-flower-show/history/2019/gardens/the-savills-and-david-harber-garden
・王立園芸協会（RHS）「Family Monsters Garden」2021.1.10.
https://www.rhs.org.uk/shows-events/rhs-chelsea-flower-show/history/2019/gardens/family-monsters-garden
・王立園芸協会（RHS）「Kampo no Niwa」2021.2.1.
https://www.rhs.org.uk/shows-events/rhs-chelsea-flower-show/history/2019/gardens/kampo-no-niwa

東京における宿根草の屋上庭園の実例
グリーン・ワイズ本社「つながる庭」

田口真弘・政金裕太

●はじめに

私達の働く（株）グリーン・ワイズ（以下ＧＷ）本社にある屋上には、季節の移ろいをダイナミックに感じることのできる庭がある。その庭では、多種多様の宿根草が四季折々に異なる表情を見せ、景色を変化させていく。しかし、梅雨があり高温多湿な東京の気候では、宿根草の生育には不向きといわれており、「つながる庭」の構想以前には、宿根草を主な見せ場とした屋上庭園は東京にはないとされていた。東京で宿根草による四季の変化を見せ場とした屋上庭園をつくるという挑戦をするにあたっての過程を紹介すると共に、その課題と今後の展開について、この場を借りて共有する。

●屋上庭園の概要

ＧＷ本社は東京郊外の自然が残る多摩ニュータウンの丘陵に位置している。屋上からは雑木林を背にして、丘の下には多摩センター駅周辺の街の風景を臨み、都市と自然が共生していることを日々実感する場所にある。このような人

屋上庭園から丘の下にある多摩センター駅への眺望

屋上３階 After
四季の移ろいを感じる宿根草の庭

屋上３階 Before
無機質なコンクリート張りの屋上

と自然を繋ぐような立地に、「環境共生」や「スローグリーン」といったＧＷのコンセプトを実践する場として「つながる庭」は存在している。

この庭園は２０１６年、ＧＷの創業１１１周年記念事業の一環として施工された。現在の屋上庭園が完成する前、社屋２階屋上部分は２００５年本社竣工時につくられたイトススキ等からなるグラスガーデンが存在し、３階屋上部分は一般的なビルの屋上のように無機質なコンクリート張りであった。今回のプロジェクトでは、環境配慮の指針としてＳＩＴＥＳ認証を使用し、２階部分は既存の屋上緑化を改修、３階部分は新規の屋上緑化が計画された。

設計・施工の過程と課題

屋上庭園の植栽デザインは、ハウステンボスの世界フラワーガーデンショー２０１５でＧＷが協力したオランダのランドスケープデザインユニットＯＭＮＡと協働した。ＯＭＮＡのトム・デ・ウィット氏（現在は独立）は、米国ニューヨークのハイラインや、シカゴのミレニアムパーク内のルーリーガーデンの宿根草の植栽設計を手掛けたピート・アウドルフ氏に師事しており、自身のデザイン実績に加え、アウドルフ氏デザインの現場監修実績に裏付けられた、宿根草についての豊富な知識と経験があるデザイナーである。

このプロジェクトの最大の課題は、東京の高温多湿の環境で宿根草が蒸れず

屋上２階 After
ハンノキは保存しつつ出来た宿根草の庭

屋上２階 Before　イトススキのグラスガーデンと実生から育ったハンノキ

に育成ができるかという点であった。オランダ近郊や北アメリカを中心に活動するトム氏のよく知る環境と大きく異なる気候条件であり、宿根草を主とした庭をつくる上で難関とされる条件であった。同氏は日本の気候や植物について特別通じていたわけではないが、ＧＷと協力して環境に合う植物を模索しようと申し出てくれた。氏が得意とするスタイルを実現しながらも、気候に適応できる植物を選択し、それらの維持管理手法を確立していくという、トム氏との試行錯誤の旅が始まったのである。

宿根草の選択にあたり、トム氏とＧＷ施工担当者は共に日本の生産者を回り、品質確認を行った。それを参考に、導入したい植栽のリストと植栽配置の原案をトム氏が作成し、ＧＷにて入手の可否、特性や侵略性の有無の調査を行った。入手が困難な種や侵略性が懸念されるものについては互いに代替品を提案するという工程を何度も繰り返し、約百種類の植栽を含んだリストが仕上がっていった。

宿根草の選択が行われると同時に、環境への配慮を考慮した工夫も施された。既存の植栽の活用として、実生ハンノキの保全や先に植栽していたイトススキの一部の再利用が行われた。構造物に使用する木材については、カーボンオフセットを考慮し地域産の木材を選択し、熱処理された多摩産杉でウッドデッキやフェンスを誂えた。既存のグラスガーデンでは人工軽量土壌を使用し有機質

トム氏と共に現場でのレイアウト調整

が少なく、また樹木植栽に必要な土厚がなかったため、新規の有機軽量土壌と混ぜることにより改善と嵩上げを行った。これらの工夫は既存の屋上緑化から出る廃棄物を少なくするという目的もあった。9月の植栽施工時には、トム氏が描いたデザイン画を基に、本人が宿根草のレイアウトを現場にて最終調整した。植込み時の植物は、地上部がすでにないものや申し訳程度に葉をつけている植物が殆どで、植込みが完了したところで庭の完成を疑うような裸地がそこかしこに見受けられた。それから冬を経て、2月、3月になると球根植物がリレーをするように庭を彩っていった。5月になるとフウチソウが青々と繁り、大輪のシャクヤクが花開き、関係者の心配をよそに屋上庭園は美しく変化していった。しかし、この庭の維持管理の難しさは梅雨の時期にあった。

維持管理の課題と解決の糸口

順調と思えた春の終わり以降、最初の梅雨が訪れ様々な不調が現れはじめた。穂を開き美しく風に揺れていたハネガヤは、続く長雨に倒れ重なり合い、トウテイランの茎は株の中心から放射状にだらしなく地を這ってしまった。また三階では植えた覚えのない巨大なグラスがいたる所から生え、庭は一体どこから手をつけていいのか分からない状態になった。この二つの主な課題に対して、どのように対応したのか具体例を通して以下に紹介する。

維持管理の様子

雨に潰されたハネガヤの多くは根から腐ってしまっていた。しかし、根が残ったものの地上部を刈り込むと、しばらくして新しい葉が出始めた。このことを通してハネガヤはシーズン早めの時期であれば、地際で刈り込んでも復活することが分かった。翌シーズン以降は、梅雨の頃に一度刈り込みを行うと、夏に新たに出た葉が秋に黄金に輝くところを鑑賞できた。またトウテイランについても、倒れ始める直前を狙って摘芯を行うようにし、しっかりとした茎を伸ばせるようにした。タイミングを逃すと花芽を落としてしまうことになるので、春以降は細かな観察が必要になる。このようなことは、宿根草の育て方の指南書を読んでも事細かには書いておらず、施した手入れの結果もすぐには確認できない。忍耐をもって、植物の特性を見つけ維持管理することが重要である。

3階の巨大グラスは、結果としては抜き損ねた雑草が繁茂したものであった。除草は地味だが重要な作業である。不要な雑草を抜くだけの簡単な作業のはずだが、植栽している宿根草が雑草とよく似ているため、慣れるまでは植栽した植物とそうでないものを見極めるのが難しい。初年度は、先の見過ごされたグラスのほか、ギシギシと間違われたシオンが抜き取られてしまうこともあった。作業は簡単でも、ガーデナーの目を鍛えることが必要である。

宿根草の庭と付き合っていくには、忍耐をもって植物を観察し、それぞれの特性への理解を深め、それを反映させて新たに植物の選択や配置、手入れの方法やタイミングを見直し続けなくてはならない。これは一朝一夕では実現できないが、時間をかけてトライアルアンドエラーを繰り返すことによって、高温多湿という条件はいつの間にかそう高いハードルでもなくなってくる。

病虫害への対応

宿根草の庭に限ったことではないが、植栽管理では植物の姿形を整えるだけでなく、病害・虫害についての対策も必要になってくる。GWでは病虫害に対して、IPM(総合的病虫害管理)の考え方に則り、あらゆる防除方法から最適な手段を講じて、化学農薬・肥料の使用を最低限に留め、環境・人体への影響を最低限に抑えることを推奨している。これには適切な植栽の選出や密度の確保が前提となり、異変の早期発見と対処のための定期的なモニタリングが欠かせない。しかしどんなに注意をしても病虫害の発生をゼロにすることは不可能であり、そもそもそれは目標ではない。

例えば春先になるとトウテイランの新芽にアブラムシがやってくる。アブラムシはウイルスを媒介して病気を引き起こすことがあるので厄介だが、薬散は最終手段にしたい。虫を潰すことも、虫がついた箇所を切除することもできるが、少し待ってやるとテントウムシがやってきて、アブラムシの数はあっという間に気にならない程度に収まるのである。アブラムシとテントウムシの例はとてもわかりやすく、来客がある際にも実例とともに紹介でき、啓蒙の役割も果たしてくれる好例である。本社屋上庭園においては社の「スローグリーン」という思想を実践し伝えるための場であることから、あらゆる生き物を歓迎しながら人間にとっても心地が良いバランスを探ることを大切にしている。

病虫害の管理をする際、問題がある箇所のみを注視するのではなく、全体を見渡した時にそれがどの程度の問題であるかを把握し、場合によっては害を許容することも大切である。思い通りにいかないところについては、一時的なものではなく、時間のかかる方法で対処する寛容さが必要である。

屋上庭園の利用の仕方

屋上庭園は、植栽が美しく施されるだけでも私たちを癒してくれているが、社外のお客様や地域の人を招待しての利用の仕方や社員自身の利用の仕方がある。

(1) お客様を招待しての利用

GWにとって、この屋上庭園の一番の機能は、お客様へのおもてなしの場としての利用である。お客様との打ち合わせ前後には、ほぼ必ず屋上庭園を案内し、空間を体験してもらう。体験というのは、ただ庭を歩いて紹介するだけではなく、植物を剪定して生けてもらう体験など、五感を通して屋上庭園の空間を楽しんでいただくのだ。GWにとっては営業のツールとしても、「環境共生」

社内を彩るオーナメントとして宿根草を飾る

屋上庭園の見学会の様子

や「スローグリーン」といった会社理念を伝えるツールとしても役に立っている。

(2) 地域や社会との利用

屋上庭園は地域や社会と繋がる場でもある。例えば、近隣企業の地域イベントにて、地域住民を対象に屋上の見学会を開くことがある。JBIB(企業と生物多様性イニシアティブ)の活動の一環では、子どもたちに環境教育をする「いきものデイズ」の場としても使われた。更に、取引先、造園関連者も含め、庭を学ぶ為の勉強会や懇談会も一年に一度程度開かれている。

(3) 社員自身の利用

屋上庭園は、社員の日常のリフレッシュ空間としても利用されている。天気が良い日は多くの社員がランチタイムを屋上で過ごしており、コミュニケーションが生まれる場にもなっている。ランチタイム以外でも新鮮な空気を吸いに少しだけ外に出るといった利用をする社員や、取引先相手に電話する際に屋上庭園を利用する社員も多くいる。庭を眺め、リラックスしながら話をすると日常の業務が効率良く進み、お客様との商談が上手くいくのかもしれない。もう一つの社員の関わり方の例は、植物の活用である。庭園を彩る植物は、その見た目の美しさや可愛らしさから、社内を彩るオーナメントとしても利用している。また、社員の祝い事の際には庭で採れた花でつくった花束を贈ることもある。多く採れた切り花を社員が持って帰り、家族とその楽しみを共有する場

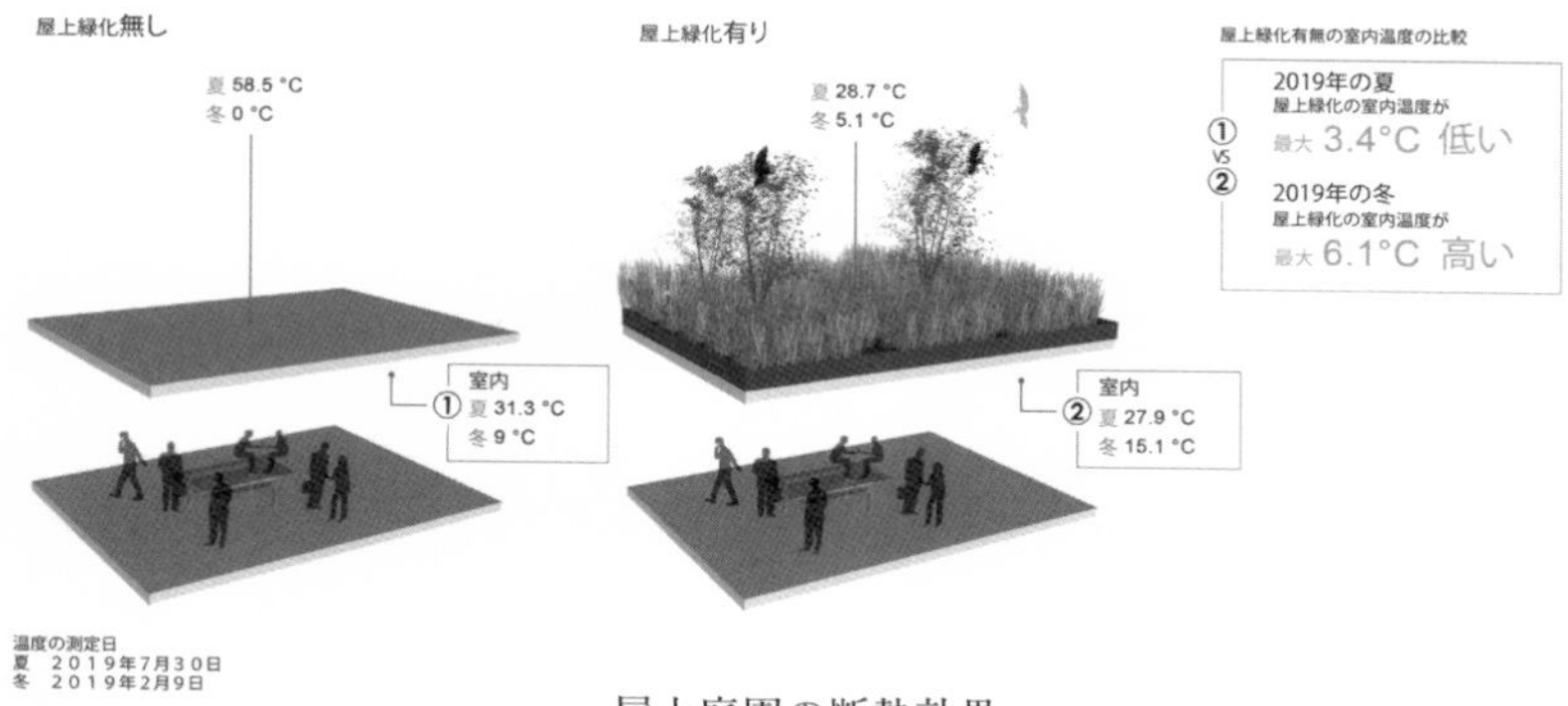

屋上庭園の断熱効果
夏は最大3.4度、冬は最大6.1度、屋上庭園の有無で室内（天井下）の温度差が確認された

面も見受けられる。私達の屋上庭園は会社の福利厚生の一部としても捉えることができる。

環境に対するインパクト

多様な植物を入れることは周辺の生き物にとっても魅力があるようだ。屋上では、6種類の鳥類と54種類の昆虫類が観察された。そのうちの3種類は、南多摩地区のレッドデータリストに絶滅危惧種と準絶滅危惧種として掲載されており、屋上庭園が生物多様性の保全にも貢献していることを証明している。

また、熱環境へのインパクトも大きい。設置されている温度センサーによると、屋上庭園が無かった時に比べて、夏には涼しく、冬には温かい環境になったことが明らかになった。

今後の展開

今後、この「つながる庭」のような四季の移ろいを感じることのできる宿根草の庭を普及させる為には、如何に利用者目線でその素晴らしさを伝えていけるかという点であろう。花が美しく咲く季節は多くの人が美しいと感じるだろう。しかし花が咲く期間は短く、花期以外の季節に魅力を感じる人は多くはない。一方で、花が枯れてからも花が咲く前も植物たちは季節によって姿を変える。こういった時間の流れを感じる体験も素晴らしい。この植物の四季の移ろいの美しさという価値を伝えていくことは簡単ではないが、彩りがある季節だけではなくブロンズ色の枯れ姿も含めて、植物と関わりを持つことの価値を伝えていきたい。

この魅力を社外へ伝えるためにも、より多くの社員が維持管理作業などへ携わることが求められる。実際に体験し理解することで自分ごとになり、お客様への説明にも説得力が出るからだ。同時に、すでに価値を体感している部分は積極的に発信していく努力も必要である。

また、取得したデータをもっと広く活用するために研究機関との協働にも取り組みたい。生物の観測と熱環境の計測以外にも雨量計や風向風速計などでデータを取得している。今後はこれらのデータ活用も考える必要がある。

様々な課題と直面しながらも、「つながる庭」は四季によって表情を変え、GW社員のみならず訪れる人たちを楽しませてくれている。難しい環境の中でこの屋上庭園が美しく保たれている背景には、ガーデナーをはじめとした庭に関わる人たちの試行錯誤の過程があるのだ。今後も、この「つながる庭」の価値をより広めるには挑戦を続けなければならないだろう。しかし、挑戦を続けることによって美しさの多様性や「環境共生」の価値が広がることに期待している。

里地の半自然草原を都市で再生する

澤田佳宏

「自然風の風景づくり」と「自然の再生」

本書のI章で田淵・上田が述べたように、造園の分野では、20世紀のなかごろより、野趣あふれる自然風の風景を創出するナチュラリスティック・プランティング、あるいは、ニュー・ペレニアル・ムーブメントと呼ばれる動きが広まっている。自然の風景のエッセンスを庭や緑地に取り込もうとする流れの中で、これまで雑草とよばれていた植物や様々な在来の野生植物が景観づくりに活用されるようになってきた。

在来の野生植物や雑草を使うと言っても、景観デザインの素材のひとつとして、園芸植物や外国産の植物と並列的に利用するものである。作り出される景観からは自然の雰囲気が感じられるが、あくまでも人工的にしつらえられたものだ。実際、ピート・アウドルフは映画「ファイブシーズンズ」の中で、自らが作り出す景観について、「自然に見えるが自然にはない風景」と述べている。また、こうした景観を作り出すために、園芸種や外来種を使うことを当然のこととしており、在来種にこだわる考え方を一笑に付すようなシーンもあった。

そのような「自然風の風景づくり」の動きがある一方で、都市公園におい

写真１、２　兵庫県立淡路景観園芸学校内で創出された「半自然草原」
もとは、外来牧草と外来ワイルドフラワー類で緑化された造成斜面だった

て、在来の野生植物を使って里地の半自然草原の創出や再生が行われる事例が出てきている。兵庫県内では、兵庫県立尼崎の森中央緑地や国営明石海峡公園あいな地区でそのような事例がみられる。また、兵庫県立淡路景観園芸学校では、２０１０年より、授業の中で大学院生とともに半自然草原の創出に取り組んでいる（写真１、２）。これらの例では「自然風であるだけでなく、実際に自然に存在しうる風景」を目標としている。園芸種は用いず、外来種も極力排除しつつ、在来の野生植物を使って、半自然草原の種組成を再現していく。目指しているのは、地域の生物多様性の保全である。「自然風の風景づくり」よりも、保全生態学に基づいた「自然再生」に重点がある。

このように、ニュー・ペレニアル・ムーブメントの「自然風の風景づくり」と、保全生態学に基づく「自然再生」は、どちらも在来の野生植物を活用した植栽ではあるが、その目的や手法には違いがある。しかし今後、ニュー・ペレニアル・ムーブメントの浸透と拡散が進むにつれて、より自然再生に近い技法を取り入れたものが現れ、境界が曖昧になっていく可能性がある。そのような例をひとつ紹介する。

米国ロングウッドガーデンズのメドウガーデン

米国ペンシルバニア州にある植物園ロングウッドガーデンズには、花壇や温室等の人工的な庭園部分の他に、35haもの「メドウガーデン」（半自然草原をモ

写真3、4　米国のロングウッドガーデンズ内のメドウガーデン

デルとした庭園）がある（写真3、4）（https://longwoodgardens.org/gardens/meadow-garden）。このメドウガーデンは、20世紀の農地の跡地を活用し、ランドスケープアーキテクトによって綿密に計画され、膨大な数の野生種の苗を植栽して作庭されたものである。一部に園芸種や外来種も使われているといい、軸足は「自然風の風景づくり」にあるようだ。ただし、その植栽計画や維持管理手法には生態学的な視点が取り入れられており、草原維持のための野焼きも行われている（写真5）。

この事例は、保全生態学的な「自然再生」の要件を満たしながら、来園者を魅了する景観づくりが実現可能であることを表している。

●半自然草原とその立地、植物

半自然草原とは、草刈りや火入れ、放牧などの適度な人為撹乱のもとで成立・持続する草原植生のことを指す。草刈りなどの管理が連綿と続いているような場所にみられる草むらのことだ。主な半自然草原の立地として、棚田の畦畔斜面（写真6）、採草地（カヤ場）、放牧地、沿道の草刈り帯（写真7）などがある。

棚田の畦畔斜面では、年に3回程度の草刈りが行われる場所が多い。このような高頻度の人為撹乱の下、チガヤまたは低茎化したネザサが優占し、キジムシロ、タツナミソウ、カワラナデシコ、ゲンノショウコ、ツリガネニンジンなど（口絵4ページ上）、多様な草原生植物が混生する群落が成立する。

写真5　こげ茶色の鋼板に白ペンキで書かれた文字は、この場所で野焼きが行われたことと、野焼きには生物多様性をまもる効果があることを紹介している

採草地（萱場）では、年に1回（夏または秋）、萱を収穫するための刈り取りが行われるほか、春に火入れ（野焼き）が行われることが多い。ススキや高茎のネザサが優占し、オミナエシやキキョウ、ヤマハギなどの草原生植物が混生する。チガヤ群落との共通種も多い。

放牧地では、家畜による採食と踏みつけによって、シバが優占し、ヒメハギやスミレ、フデリンドウなどの背の低い草原生植物が混生する群落が成立する。沿道の草刈り帯は、農地に隣接する場合は畦畔と同様の植生となり、森林に隣接する場合には、ホタルブクロ、シマカンギク、ヨメナ、キンミズヒキなどの草本や、センニンソウ、ボタンヅル、アケビなどのつる植物が生育する。

放牧地以外の半自然草原の植生は、年1回から数回の草刈りによって維持できる。草刈りという簡単な人為攪乱で管理ができることから、公園や公共の緑地、中央分離帯や沿道植栽等への導入に適した植生といえる。

半自然草原の再生が必要な理由

半自然草原は、かつてはどこの農村でも見られ、草原生植物は身近な普通種だったが、ここ数十年のうちに種の多様性の高い半自然草原は大幅に減少しており、保全が必要となっている。現存する良好な半自然草原を現地で保全するだけでなく、半自然草原を都市公園や公共の緑地に創出することで、保全の場を広げていくことも必要である。

写真6　棚田畦畔に成立した半自然草原（チガヤ群落）

写真7　沿道の草刈り帯。この場所はホタルブクロの群生地となっている

半自然草原の中でも、放牧地のシバ草原は見つけることが難しいほどに減っている。昭和30年代以前は、多くの農家が使役のための牛を飼っており、放牧地（集落共有または私有）は各地にあった。しかしトラクター普及後は役牛を飼う農家が減り、放牧地は消えて行った。

採草地（萱場）のススキ草原やネザサ草原もここ数十年で大幅に減少した。屋根材や牛馬の飼料としての萱の利用が無くなったために、採草地は不要となり、放置され樹林化したり、別の土地利用に転用されていった。

畦畔斜面や沿道の草刈り帯については、それらの立地はまだ多く存在する。しかし、近年の土地造成の影響を受けて、在来植物の種の多様性が低下している場所が多い。例えば、棚田では圃場整備が進行すると、ツリガネニンジンをはじめ、特定の植物が消えていくことが知られている。道路整備時の土地造成によってもおそらく同様のことが生じると考えられる。棚田の畦畔では、耕作放棄に伴う遷移の進行も半自然草原の衰退の要因となっている。

草原生植物の導入の方法と留意点

半自然草原を創出するには、それを構成する多種の植物を導入する必要がある。導入の方法には、藁まき、採り播き、苗の定植、株移植、表土移植など様々な方法がある。半自然草原の構成種は市場での流通はほとんどなく、近隣の良好な半自然草原から材料を得なくてはならない。

近隣の良好な半自然草原で草刈りを行い、刈り取った草を施工地に播く方法は「藁まき」と呼ばれる。刈り草に含まれる種子からの発芽が期待できる。供給元の草原にダメージを与えない方法である。

近隣の良好な草原でタネを採って施工地に播く「採り播き」や、採ったタネをもとに育苗して施工地に定植する方法もある。この方法も供給元の草原に与えるダメージは小さい。

供給元の草原が工事などで消失することが分かっている場合（いわゆる「つぶれ地」である場合）は、「表土を移植」したり、特定の植物の株を掘り取って「株移植」もできる。

いずれの場合でも、植物の遺伝子の多様性に配慮して、施工地の近隣のものを導入する必要がある。産地不詳の購入品の導入は厳禁である。

また、半自然草原の創出に取り組む人は、計画立案や施工に先立ち、最低一年間は、図鑑を持って良好な半自然草原に通い、草原の植物の生き様を観察してほしい。自然に親しみ、より深く理解しようとする姿勢は、自然再生に携わる人には不可欠だ。

写真1　パークセンターとエントランス空間「ゐなの花野」

column

兵庫県立尼崎の森中央緑地「ゐなの花野」の挑戦

守　宏美

自然の変容と文化の喪失

君がため　春の野に出でて　若菜摘む　我が衣手に　雪は降りつつ

百人一首の中でよく親しまれているこの1首。この歌を口ずさむと、一瞬で1200年の時を遡り、萌え出たばかりの草原に立ち、春の光とそこに降る雪を感じることができます。しかし、私達の暮らす環境は大きく変容し、在来の野草が生育する草原は失われつつあり、また身近な公園や河川敷などはセイタカアワダチソウなどの外来植物で覆われています。このような環境で暮らす私たちは、これからもこの歌の風景を思い描き、自然によせて思いを述べる万葉人の感性を理解していくことができるでしょうか。

兵庫県立尼崎の森中央緑地（以下尼崎の森とする）では、万葉の昔からある日本の在来植物だけを用いて風景を創造し、その魅力を現代に伝える挑戦を続けています。この公園の計画が始まった2004年から2015年まで、兵庫県の造園職の職員として現場に携わってきた筆者が、生態学的な観点から技術的な支援を続けている環境コンサルタントの田村和也さん、公園管理事務所で

写真２　工場跡地に苗木を植え、14年が経過した現在の尼崎の森

植物管理を担当する斉藤義人さん、環境学習を担当する石丸京子さんにお話しを伺い、この挑戦の軌跡をレポートします。

挑戦の舞台「尼崎の森」とは

尼崎の森は、高度経済成長期に様々な公害を引き起こした尼崎臨海工業地域の中心に立地しています。この地域では、２００２年に「尼崎21世紀の森構想」が策定され、公害の町から環境共生型の都市へ向けて地域再生を開始しました。尼崎の森は、このリーディングプロジェクトとして、29㏊の工場跡地で１００年の森づくりを進めています。そのコンセプトは、地域の人々と協力し、地域の遺伝子を引き継ぐ森を育てていくことです。２００６年から始まった森づくりには多くの人が参加し、種子を集め、苗木を育て、森を育ててきました。今や工場跡地の荒野が小さな森に生まれ変わりつつあります。そして、２０１２年、活動の拠点となるパークセンターの建設に際し、そのエントランスを在来植物の魅力を伝えていくシンボル空間として位置づけ、在来野草のみを使った庭園「ゐなの花野」を創り出していくことを決めました。しかしこの計画の実施にあたり、二つの大きな課題に直面しました。一つは、植栽する野草の確保です。二つ目が、一般の人には雑草と認識されるような野草だけで、来園者にとって魅力的なエントランス空間を創れるのかということでした。

写真3　市民参加の野草の移植作業

写真4　新名神高速道路　川西インターチェンジの工事現場（2013）

種子から在来野草を育てる

一般的に在来野草の苗は市場で流通していません。そこで、在来野草の種子を採取し、苗を生産することから計画は始まりました。しかし、圃場整備や開発が進み、在来野草が生育する里山環境そのものが少なくなっている上に、種子の採取タイミングを見極める必要があります。未成熟な種子では発芽せず、反対に成熟が進むと飛散し落下してしまいます。時期を見て種子採取に行くと、畦畔の草刈りがなされ、目当ての野草も刈られ、がっかりすることもありました。しかし、管理が放棄されると、在来野草は背の高い笹などに被圧されて消えていきます。この管理があるからこそ野草が生育できるのだと田村さんは苦笑いします。また当時、良好な里山環境が残されている北摂地域において新名神高速道路の整備が進んでおり、消滅していく森や水田がありました。そこでＮＥＸＣＯ西日本と協定を結び、工事区域内の野草や中低木、表土などの移植を実施しました。この作業には多くの市民も参加し、ヒガンバナ、スミレ、ノアザミ、スゲなどの野草を掘り上げ、トラックの荷台をいっぱいにして尼崎の森へと搬送することができました。これにより、在来野草の種類や量は飛躍的に増加しました。

ある日、造成が進む川西インターチェンジの建設現場に行くと、すでに高木の伐採が終わり、造成に入る前の斜面が広がっていました。そこに、埋もれる

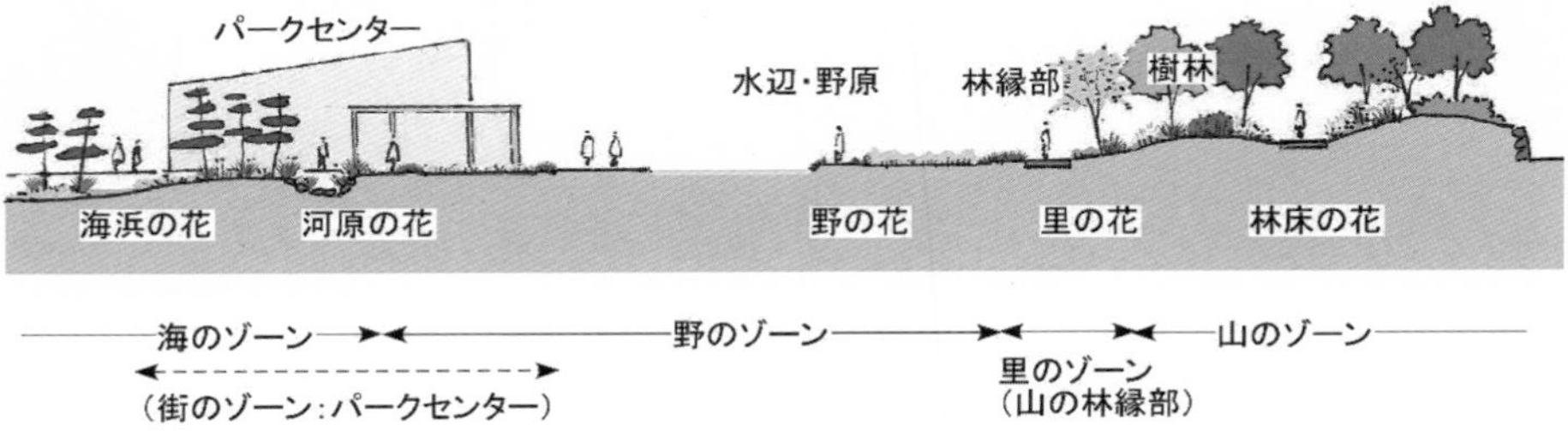

図１　ゐなの花野　空間構成

ようにシュンランがひっそりと咲いているのを見つけました。このシュンランは、現在尼崎の森で毎年花をつけています。近年では、北摂地域で絶滅の危機に瀕している希少種の植栽が進められており、尼崎の森は地域のジーンバンクとしての役割も担うようになってきました。

在来の野草だけで魅力的な空間が創れるのか

二つ目の課題が、一見地味な野草だけでエントランスの空間をどう魅力的に見せていくかということでした。そこで、空間構成に変化をもたせるため、武庫川・猪名川が六甲山系・北摂山系を源とし里地里山を経て、市街地を抜け大阪湾へとつながる自然軸をモチーフとした「山・里・野・海」という4つのゾーンを設けました。山のゾーンには小高い山と花崗岩による岩組を行い、六甲山の岩山の景観をつくりました。里や野のゾーンには、明るい林床の林と畔や草原の広がる里山の風景を、海のゾーンでは、強い日差しの乾燥する砂浜の環境を再現しています。

２０１４年に完成した当初は、自生地での生育状況を忠実に再現することを目指し植栽管理を進めてきました。しかし、生育不良で枯れる野草があったり、種子が周囲に飛散しいろんな種類が入り乱れて生育するようになり、混沌とした状態になってしまいました。さらに、周辺の工場地帯から外来植物が次々と

写真５　アサギマダラ

写真６　フジバカマ

侵入してきますが、対応が後手に回ってしまうこともあり「公園の入り口なのに雑草が覆い茂っているのか？」そのような声が聞こえるまでになってきました。

そこで、ゐなの花野の大改造が行われました。第一に、自生地の状況をそのまま再現する方向を改め、種類ごとの植栽スポットをつくり、ある程度のボリュームを持たせて見せる方法に変更しました。これにより、野草がクローズアップされ、来園者の目が自然と野草に引き付けられるようになりました。また雑草と野草の判別ができ、管理も容易になりました。

第二に、植栽基盤となる土壌の見直しを行いました。以前は、造成当初からの真砂土が主体で、有機質が少なく土が締め固まり、野草の生育不良が見られていました。ポットの肥沃な土で育った野草にとって、そのような過酷な環境に移植しても健全に生育しないことは明らかでした。そこで、土壌を改善したことにより野草の生育状態が大きく改善しました。良好に生育し大きく成長したフジバカマに、２０１９年初めて海を越え旅をする蝶「アサギマダラ」が飛来し、新聞にも取り上げられ注目を集めました。

一方で、有機質に富んだ土に変えたことにより、自生地で見せる本来の形質と大きく違ってしまう事態が起きました。渓谷の岩の間にへばりつくように生息しているツメレンゲという多肉植物があります。植栽するにあたり斉藤さん

写真７　花を咲かせるツメレンゲ

写真８　移植したシュンラン

は、その自生地の状況と形態から乾燥に強く過酷な環境を好む植物だと先入観を持っていました。実際にツメレンゲを有機質を含む保水性のある土で育てると、力強い直根を伸ばし自生地の個体より大きく成長し、小さな花を多数開花させることが判明しました。カンサイタンポポも、葉が大きく茂り畑の野菜のような状態になってしまいました。在来野草を見せていく時に、生理的適地の状態にある良好な生育状態の野草を見せるのか、環境的適地である自生地の状態を見せるのか、土壌の配合を変えながら模索を続けています。

ゐなの花野の四季

このような様々な工夫をしながら、四季の変化に富んだ魅力的な風景が生まれてきています。まだ寒い冬の最中にフキノトウが顔を出し、セリやナズナなどの七草が春の訪れを告げます。春には、林床でシュンランやエビネが可憐な花を咲かせ、畦畔で馴染み深いスミレやムラサキケマン、ウマノアシガタなどが水辺を彩ります。５月からはクマイチゴ、ナガバノモミジイチゴなど様々なノイチゴが赤い実をつけます。初夏にはササユリが林床で可憐な花をつけ、草原ではノアザミやヤブカンゾウが夏を告げます。盛夏、海のゾーンでハマボウやハマゴウが暑さに負けず花を咲かせます。秋には草原でカワラナデシコやオミナエシなどの秋の七草が風に揺れ、冬の深まりとともに草紅葉の朱色に草原

写真９　夏のゐなの花野。草原で虫を探す親子

が染まっていきます。

野草の魅力を伝えていくために

計画当初から地域の人々と一緒にこの空間を育てていくことを重視し、8年経過した今でも、月1回「花の守人《もりびと》活動日」として活動を継続して行っています。育苗や植替えなど地道な活動が中心ですが、四季の野草の魅力を共有する貴重な機会となっています。さらに、子どもたち向けのプログラムも実施しています。説明的に知識を伝えることより、手触りや匂い、味、音を聞くなど五感を使った体験を重視し、七草がゆやヨモギ餅を題材に、匂いや手触りを感じたり、味わうことを通じて野草に親しむ機会を提供しています。森の中で赤く色づいたノイチゴを紹介し、食べるプログラムの中の出来事です。自然のものを口にするのは気持ちが悪いと、約半数の子どもたちはノイチゴの実を口にしないそうです。コロナ禍で活動が制限される中、さらに子どもたちと自然との距離が広がっていくことが危惧されます。身近な自然とふれあう機会の重要性を改めて実感します。

おわりに

現地で田村さん、斉藤さんは語ります。「最近、近隣の森はシカの食害で低

図２　尼崎の森中央緑地　未来の予想図（兵庫県）

木や野草がほとんどなくなり貧相な森になってきている。また、里山や畦畔の自然が開発で消滅したり、管理放棄で劣化が進んでいる。ここ尼崎の森にはシカがおらず、農村地帯のように農薬も使っておらず、森の成長とともにさらに多様な植物が生育できる可能性を秘めている。過去の経緯を知らない100年200年先の人がこの森に来て『工場地帯の真ん中に異様に自然度の高い森がある。どうしてなんだ?』と疑問に思うかもしれない。実は、人がつくった人工の森なのに」。

楽しそうに語っている二人の姿に、尼崎の森の未来が見えてきました。

【参考文献】

（１）兵庫県（２０１３）尼崎の森中央緑地　パークセンターエリア周辺実施設計
（２）兵庫県（２００２）尼崎21世紀の森構想

原稿執筆にあたり、ヒアリングに協力いただき数々の資料を提供いただきました（株）里と水辺研究所　田村和也氏、尼崎の森中央緑地管理事務所　斉藤義人氏、同　石丸京子氏に心より感謝いたします。
（写真１・２・３・４田村和也氏　写真５・６斉藤義人氏）

スズメバチにも攻撃性は無い

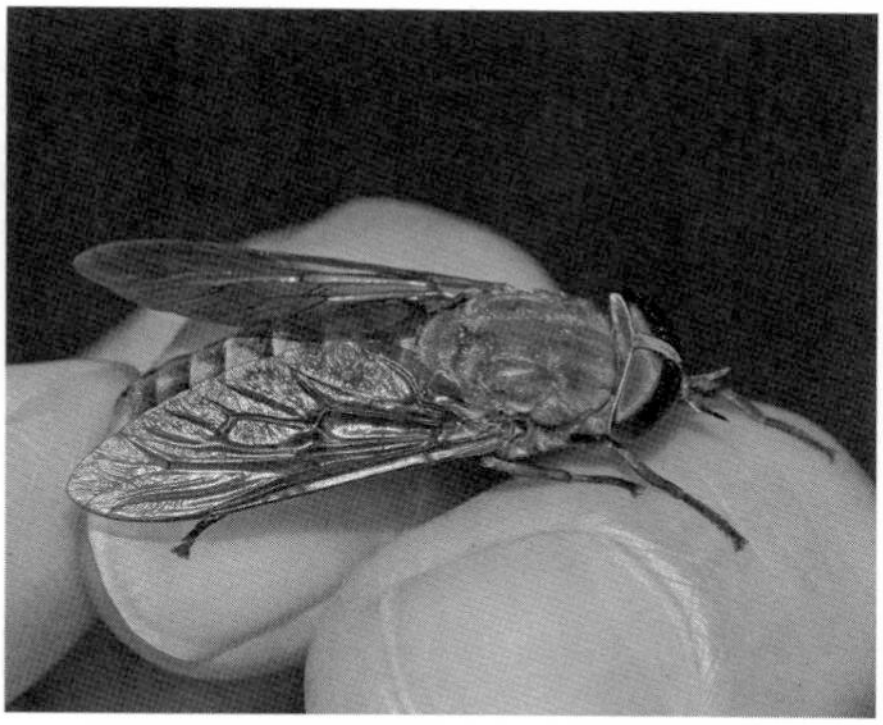

ウシアブは決して反撃しない

虫たちのファイブシーズン

岩崎哲也

人間と違い、虫には攻撃性は無い

虫などの生きものは、その営みを季節にあわせながら一生を過ごし、ランドスケープの一部として存在している。しかし一般に、人々の虫への接し方は厳しい。大多数の人がゴキブリたちを嫌い、ハチやアブたちを恐れる。ハチたちも、ランドスケープの一員であることは、誰もがみんな知っている。ところが、ランドスケープの専門家、あるいはそれを学ぶ学生であっても、かなりの割合の人々が、ハチが飛んでくれば、それがどういった種類のハチなのか考える暇もなく騒ぐ。あるいは逃げる。あるいは殺そうとする。これはハチに限らないが、じつはハチは、彼らのシーズンをつなげるために必死で生きていて、人間に構っている暇はない。世界中のほとんどのハチたちは人間に対して毒針を使うことは無く、すべてのハチは攻撃性を持たないのだから、それを恐れる理由はないし、何よりランドスケープのつながりを乱すものだ。

またある朝、神戸市の舞子公園で、スーツ姿の、どこかの企業の管理職と思われる紳士が、園路上で地踏鞴を踏んでトビズムカデを攻撃しているのを見、それをとがめてムカデを逃がしたことがあった。理由を聞いてみたところ、大

ノコギリクワガタの一生は１年

毘沙門天の使いトビズムカデ

した理由ではない。好きか嫌いか、美しいか汚らしいかなどといった程度のことで、この福の神の使いを圧倒的な腕力でもって一方的に殺す。私は、こうした光景を変えたい。ランドスケープは常に小さな生きものたちとともにあり、その中で彼らの季節がつながっていくことが必要である。

虫たちの千差万別な一生とランドスケープ

植物の姿の移ろいで季節が分かるように、虫たちの生活の移ろいはランドスケープに欠かせない要素である（そう、あたりまえのことだ）。これら虫たちの一生は、身近にありふれた種類だけ考えてみても、ヒトスジシマカのように卵が孵化してボウフラとなり、羽化して蚊となって交尾して産卵し死ぬまで２カ月に満たないものもあれば、カブトムシやノコギリクワガタのように約１年、ゲンゴロウやセミ類のように数年に及ぶものもあり、さらにこれらがその一生のほんのわずかなステージでランドスケープの表舞台に出、私たちに季節の変化を知らせてくれ、そしてまた次の世代がはじまる。こうして、虫たちの生活はランドスケープに千差万別な要素を与えてくれている。

例えばチョウのシーズン

僕らが生きものから感じるシーズンの代表的なものに、チョウが舞う光景が

キタキチョウは成虫越冬

セイタカアワダチソウを訪れたヤマトシジミ

ある。これは、活動的なシーズンを思わせるランドスケープの光景である。季語としての「蝶」は春だが、もちろんチョウは春とは限らない。例えば、年に1回だけ羽化するチョウでは、「春の女神」とも呼ばれるギフチョウが3月から、ミドリシジミなどのゼフィルス類と呼ばれるチョウは6月から、日本の「国蝶」のオオムラサキが7月から、と成虫が現れる季節が違っていて、都市などで最も身近なチョウたちでは、ヤマトシジミ、モンシロチョウ、イチモンジセセリ、アオスジアゲハ、コミスジ、キタキチョウなど多数が活動期の4月～11月に複数回の世代交代を繰り返して高頻度で僕たちの前に現れる。またキタテハ、ルリタテハ、キタキチョウ、ウラギンシジミなど、越冬して冬の暖かな日や春一番に現れるものもいる。こうして種類の違うチョウたちがそれぞれのシーズンにそれぞれの好みの植物を訪れる光景が、つまりチョウが舞うランドスケープの風景である。動植物を意識したランドスケープでは、このように最も簡単で分かりやすいチョウの季節を念頭に計画し、維持管理していくことが多い。

チョウを呼ぼうとする場合、もっとも一般的には次の4つのパターンがある。

・何もしないで雑草を生やす

敷地の規模や土壌、水分条件にもよるが、放置しておけば普通は草が生えてくる。外来種をはじめ様々な草が生えてくるが、一般にカタバミ科、エノコログサやチガヤなどのイネ科、ギシギシなどタデ科、アレチヌスビトハギなどの

ベニシジミは多化性

ヒマワリを吸うイチモンジセセリ

マメ科などが容易に生えてくるだろう。すると、これらの草を求め、カタバミにはヤマトシジミ、エノコログサやチガヤにはイチモンジセセリ、ギシギシにはベニシジミ、ヌスビトハギにはキタキチョウやウラナミシジミなどの都会でも身近で普通に出会うチョウたちがやってくる。

・幼虫が食べる植物（食草）を増やす

チョウの幼虫の口は、葉などを食べる咀嚼口である。一般に、僕たちと違って好き嫌いが激しく（狭食性という）、特定の種類の植物を食べて育つ。このことは卵を抱えた母親はもちろん知っていて、幼虫が食べる植物（食草）を求めて飛んでいる。しかも、健康で若い葉が出る植物体を選んで産卵することがよく知られている。このように、食草を利用してチョウを呼べる空間をつくることができる。

・成虫が訪れる花を増やす

チョウの成虫の口は、花の蜜などを舐めとる吸収口である。小学生のころに長いストローのような、と覚えたが、カやカメムシのような管ではなく、体の大きさや口吻の構造などの種類による違いによって、幼虫ほどではないが好みの花を選んでいる。蜜から高いエネルギーを得ることが目的であるから、日本人がフレンチやイタリアンを喜んで食べるように、外来種でも園芸種でも好んで訪れる。ランドスケープデザインでは、このことを利用して、あなたが誘い

表　身近な外来種、園芸種と訪花するチョウの例（岩崎哲也、矢口芽生）

アベリア	アオスジアゲハやナミアゲハ、キアゲハ、クロアゲハなどアゲハ類、スジグロシロチョウなどのシロチョウ類、ベニシジミやヤマトシジミなどのシジミチョウ類
アメリカセンダングサ	キタテハ、キタキチョウやモンキチョウ、スジグロシロチョウなどのシロチョウ類、ウラナミシジミやヤマトシジミ、チャバネセセリなど
コスモス、キバナコスモス	ナミアゲハなどアゲハ類、ヒメアカタテハ、モンキチョウなどのシロチョウ類
シロツメクサ	アオスジアゲハ、ヒメアカタテハ、モンキチョウなどのシロチョウ類、ヤマトシジミやベニシジミなどシジミチョウ類
セイタカアワダチソウ	アオスジアゲハやナミアゲハなどアゲハ類、アサギマダラ、ヒメアカタテハやキタテハなどタテハチョウ類、スジグロシロチョウやモンキチョウなどのシロチョウ類、ヤマトシジミなどシジミチョウ類
ツツジ類	モンキアゲハやナミアゲハなどアゲハ類
ヒメツルソバ	ヤマトシジミやベニシジミなどシジミチョウ類
ブッドレア	アオスジアゲハやナミアゲハなどアゲハ類、ヒメアカタテハやキタテハ、ツマグロヒョウモンなどタテハチョウ類、モンシロチョウ、イチモンジセセリやチャバネセセリなどセセリチョウ類、ヤマトシジミなどシジミチョウ類
ムラサキハナナ、カラシナ	スジグロシロチョウやモンシロチョウなどシロチョウ類、キタテハ、アオスジアゲハやナミアゲハなどアゲハ類、ベニシジミ
ユリ類、ヒガンバナ	モンキアゲハやナミアゲハなどアゲハ類
ラベンダー	アオスジアゲハやナミアゲハなどアゲハ類、モンキチョウやモンシロチョウなどシロチョウ類、ヒメアカタテハ、ベニシジミやヤマトシジミなどシジミチョウ類
ランタナ	アオスジアゲハなどアゲハ類、スジグロシロチョウやキタキチョウなどのシロチョウ類、イチモンジセセリなどセセリチョウ類、ミドリヒョウモンやヒメアカタテハなどタテハチョウ類、ヤマトシジミなどシジミチョウ類
ローズマリー	イチモンジセセリなどセセリチョウ類、ヤマトシジミなどシジミチョウ類

たいチョウにあわせて花を植え、あるいは刈らずに残すなどし、チョウの季節感のあるガーデンを作ることができる（表）。

・樹液酒場をつくる樹木を増やす

ひらひらというよりは、パタパタと力強い筋肉感で飛ぶチョウの仲間は、樹液に集まるものが多い。カブトムシやオオスズメバチの顔色をうかがいながら、長い口吻で樹液を吸う。都会でも身近なチョウとしては、キタテハやサトキマダラヒカゲ、ルリタテハなどのタテハチョウ類、クロヒカゲなどのヒカゲチョウ類などである。傷ついて樹液を出すクヌギやコナラ、シラカシ、アキニレ、ヤナギ類などであれば木の大きさや樹齢とは関係なく、林縁あるいは草地と樹木などといった風景とともにチョウを呼ぶ空間にすることができる。

例えば、鳴く虫のシーズン

こうして視覚的な光景をつくりだすランドスケープの要素の一つにチョウがあり、また聴覚的に季節感を感じさせてくれるサウンドスケープの要素としてコオロギ類やキリギリス類などのバッタ目の虫たち、あるいはカメムシ目のセミ上科の虫たち

成虫で越冬するクビキリギス

クマゼミは午前中に鳴く

がある。これらは風景としては目立たないが、植物や土、あるいは石があれば普通、いたるところでほぼ一年中鳴いている。多くの人間はこのサウンドスケープに慣れ切ってしまい、特に大声のセミなどを除き、ほぼ無感覚に聴いているが、無くてはならない季節感の要素である。

(1) セミのシーズン

セミの声は、夏の季節感を代表するサウンドスケープである。現代では、東京など関東ではアブラゼミやミンミンゼミ、大阪や兵庫など関西ではクマゼミが大声で鳴き、それが夏の暑さを表現する音色であり、これが無いと何か奇妙にシーンとしたシーンになってしまう。関東から関西に移住してきた私にとって、夏の音色がクマゼミになったことが人生のストレスになるくらい、サウンドスケープとは大きな影響を人に及ぼすものである。

・昼飯前のクマゼミ ～セミたちの時間割～

夏の盛り、神戸市では朝、太陽が昇ると同時にクマゼミがシャッシャッシャ！とやかましく鳴き始め、それが11時半ごろにはほとんど鳴きやむ。彼らの時間割は午前中なのである。だから、クマゼミは午前中を表現するとほぼ言ってよい。午後になると、季節によって異なるが（後述）、アブラゼミやニイニイゼミ、ミンミンゼミが取って代わる。僕たち人間は、このサウンドスケープを無感覚に聴いていて普段は意識していないが、転居などして地域を変えたとき、密か

表　淡路景観園芸学校のセミの声カレンダー

種名	鳴き初め	鳴き終い	6月	7月			8月			9月			10月
			下旬	上旬	中旬	下旬	上旬	中旬	下旬	上旬	中旬	下旬	上旬
ニイニイゼミ	6月30日	8月25日											
クマゼミ	7月 8 日	9月10日											
ヒグラシ	7月11日	9月10日											
アブラゼミ	7月20日	9月 8 日											
ミンミンゼミ	7月25日	9月18日											
ツクツクホウシ	8月15日	9月30日											

（淡路景観園芸学校にて 2014 ～ 2018）

に静かに、心身の安定に影響するかも知れない。

さらに、例えばヒグラシは多少とも草薮があるような環境に棲んでいて、夕飯の支度時にカナカナカナと物悲しく鳴いたり、急な天候の悪化で暗雲が立ち込めてくると慌てて鳴いて、人間の季節感に時間帯や気象の変化、郷土感を与えてくれる。こうして、当然と言えば当然だが、種類によって異なるサウンドスケープが風景と一体となって僕たちの住む環境を作っている。

・セミの種類による季節感の違い

セミは、おおむね夏であるものの鳴く時期が種類によってずれていて、夏の季節感をさらに細かく分けることができる。例えば、ツクツクホウシがオーシンツクツクと鳴いていれば、それは夏の終わりのハーモニーであり、里帰りや海水浴などの楽しい思い出をよそに、夏休みの宿題をやらなければならない時期を表現している（表）。

(2) コオロギやキリギリスのシーズン

「アリとキリギリス」で知られるように、キリギリスやコオロギの仲間は1年以内で一生を終えるものがほとんどで真冬には死んでしまうが、クビキリギスや一部のコオロギは成虫で越冬する。したがって、クビキリギスのように春から鳴くものはまれで、そのほとんどは夏から秋にかけてが主なシーズンと言える。そして、やはりセミのように季節を分けて鳴いており、真冬を除けば、

表　コオロギの鳴いた日

※は稀に1月も鳴く

種名	鳴き初め	鳴き終い
アオマツムシ	8月15日	11月10日
エンマコオロギ	8月10日	11月15日
オカメコオロギ	8月20日	11月 5 日※
カネタタキ	7月20日	12月 6 日
クサヒバリ	8月20日	11月15日
シバスズ	6月30日	11月20日
スズムシ	8月20日	10月10日
ツヅレサセコオロギ	7月15日	12月 6 日※
ヒロバネカンタン	6月25日	11月20日
マツムシ	8月20日	11月10日
ミツカドコオロギ	8月20日	11月15日
マダラスズ	6月24日	11月15日

（淡路景観園芸学校にて 2012 ～ 2018）

表　キリギリスの鳴いた日

種名	鳴き初め	鳴き終い
オナガササキリ	10月10日	
ウスイロササキリ	9月18日	
キリギリス	6月30日	9月25日
クツワムシ	8月15日	10月15日
ササキリ	6月30日	9月18日
ヤブキリ	6月15日	8月15日

（淡路景観園芸学校にて 2012 ～ 2018）

表　バッタの鳴いた日

種名	鳴き初め	鳴き終い
ヒナバッタ	5月15日	11月5日

（淡路景観園芸学校にて 2012 ～ 2018）

種類によってさまざまな季節を表現してくれる（表）。

コオロギやキリギリスによるサウンドスケープは、なぜか人間は無感覚に聞き流せる能力を持っている。だから普段、意識することはほぼ無いはずである。例えば、真冬を除き、静かに耳を澄ませてごらんなさい。必ず虫の声が聞こえるはずである。聞こえなくても加齢のせいにせず、じっくりと聴いてみることである。あきらかに虫の声と認識できるものもあれば、サーあるいはジーなどと、単にあなたの耳鳴りか古いエアコンの音だと思っていたものもあると思う。でもよく聴いてみると、紛れもない生きもののサウンドスケープである。

これらコオロギやキリギリスの食性は種類によって異なり、一般に雑食性のものが多い。植物やその果実や種子、花や花粉、樹液などだけでなく、他の昆虫や死骸なども食べる。また、雑食ではなく草食性のものや肉食性のものも少なくない。こうした食性に関連しながら、その生息環境も変わってくるため、それらを作り分けるように空間を計画し維持管理することによって、鳴く虫を呼び分けた環境を作ることができる。最も簡単に行える単純なことは、草の刈り高を変えることである。こうして種類の異なるコオロギやキリギリスが生息する環境を複雑に作ることによって、彼らのシーズンをつなぎ、美しくて生きものの気配のあるランドスケープとすることができる。

緑地評価と価値観の多様性

～見方を変えて新たな価値を～

山本　聡・沈　悦

自然物のある都市景観

都市内には多様な景観が存在する。建物や道路の橋脚といった人工構造物の景観をはじめ、樹木や河川などの自然物で構成される緑地景観、人の営みが描き出す動きのある景観など対象やスケールも多様である。その中でも、草木や水辺などの自然物と人との触れ合いの場としての都市公園や緑地空間は、ヒューマンスケールの景観としてとらえられ人の営みのすぐそばにある。これまでも、都市における緑地空間の大切さがしばしば議論されてきたが、これらの空間は自然物を対象としつつも人と対象との関係で成立する景観である。ここでは自然物と人との関係を中心に、見方が変わると評価も変わる事例から緑地空間の評価の在り方を検討したい。

〝雑草〟は役に立つ

都市内の緑地空間には樹林や草地、水面など多様なものがあるが、ここでは、草地を代表するものとして都市公園の芝生地を見てみよう。公園などの芝生地は、芝刈りなど一定の管理がされていることが一般的であるが、人間はその空

あえて刈り残しをつくる草地管理

間をよい空間とみなす傾向がある。しかし、管理されている場合でも草丈が高く入り込みにくい状態になっている場合、荒れているとみなされ近づきにくくなる(1)。都市内の同様の空間として空き家の庭や空き地などがあげられるが、このような場所でも敷地境界の柵から飛び出した樹木は荒れていると言われたり、生い茂った草本植物などは雑草とみなされたりと、評価が低くなる(2)。しかし、別の視点では、このような緑地にもその環境に適した生物が生息しており、都市環境の生物多様性を増している面も見えてくる。例えば、住宅地に存在する空き地の草地には、多様な鳴く虫が生息しており季節に応じて独特の鳴き声を聞くことができる(3)。これらは、〝雑草〟と呼ばれる草地が無いと存在できない生きものであり、自然が少ないといわれる都市空間において、大地のエネルギーを感じられ、季節感を創出する貴重な資源といえる。

都市公園においても、管理が行き届き、整然とした景観が美しいという概念もあるが、最近では、一見管理密度が低く見える緑地でも良い景観と考えられる事例も出てきている。例えば、都市公園の草地エリアでは、綺麗に刈り取られた部分と、借り残した部分とを交互に縞状に配置することで昆虫などの小動物の多様性を増す管理も行われている。これまで悪者であった草丈の高い草地〝雑草〟が逆に貴重なものへとその価値が変化してきているのである。

見せる植栽としての屋上農園

都市での農業的緑地空間の意味

都市内の緑地の一つの形態として、畑や水田に代表される都市農地がある。これらの農地は、特定生産緑地など都市内の貴重な緑地空間として担保されている。ただし、生産緑地法では農地としての活用が求められており、単に緑の空間としてだけでなく、農産物の生産が必要となる。生産行為により農産物を供給するという意味でも都市の農地の果たす役割は重要なのである。近年では地上部の農地だけでなく、屋上農園など都市施設での農業的利用が行われる緑地も存在する。これらの場は、商業施設に併設されたものが多く、その景観は見栄えのするものともなっている。また、商業施設の屋上農園は、農産物を生産するだけではなくその生産行為を見てもらうという意味も大きく、さらに生産活動に子どもや大人など多様な市民が参加するなどコミュニケーションの場となっていたり、伝統的な野菜を育てる地域らしさを学修する場となっていたりもする。単に個人の趣味としての農園の扱いを超えた多様な価値が存在するのである。また、商業施設という環境に存在することから、あらゆる人のアクセスが可能となる。近年のＳＤＧｓの考え方にも則ったものであり、まさに多様な機能を有した緑地空間といえる。

山焼きによる草地管理（砥峰高原：中央に炎が見える）

草地景観と地域の活動

都市内での緑地空間が多様な価値を持っていることを述べてきたが、郊外の緑地空間に目を向けてみよう。

兵庫県神河町にある砥峰高原は90haに及ぶススキの草原が広がる高原である。この草原は自然に成立したものではなく、一定の管理のもと春の山焼きがススキ草原の美しさを担保している(4)。このような人為的な管理により草原が担保される例は日本各地に存在し、阿蘇の草千里の山焼きや奈良県の若草山焼きなどは典型例であろう。これらの管理行為はその行為自体が観光資源化しており、多くの人が訪れるまさに地域資源となっている。すなわち、生業の結果創出される景観が観光景観として機能しているといえる。

管理された草原の美しさは文化的美しさであり、その文化と自然との融合した景観を後世に伝えていくことがランドスケープの一つの役割である。現在の都市や農村の景観では整然さが一番ととらえられ、その他の多様な機能まで含めた景観的価値が二の次になっている気がする。緑地景観を見る際には、単に今見えているものだけを見るのではなく、その成立過程まで見通すことで、より多様な価値が感じられるであろう。

多様な価値観の時代に

１９６２年に著された『沈黙の春』（レイチェル・カーソン著）では、農薬などの科学物質の危険性が指摘され、それまでの価値観を１８０度変えた。１９７２年には、ローマクラブにより地球上の人口増や環境汚染に警鐘を鳴らした『成長の限界』が著され、１９９２年には、気候変動枠組み条約が国連で採択されるなど地球温暖化問題として化石燃料の使用が、また、同年には生物多様性の観点から外来種の導入や利用に警鐘がならされた。これらは、それまで確かだと信じられ目標としてきたものが必ずしもそうではなく、多様な評価方法の必要性が認識されたものだといえる。現在の多様性の時代には、価値観の多様性を再認識し、緑地空間の評価の多様性を増すことが緑地景観の価値を高めるといった広い視点での計画が求められる。そのためには、正確な知識や情報を基に、本稿で提示した草地管理など自然界のエネルギーを生かす仕組みを構築するなど多様性の持つエネルギーを理解、活用する方法を常に検討することが重要であろう。

【注】

（１）カプラン・R他著、羽生和紀監訳（2009）自然をデザインする—環境心理学からのアプローチ—、誠信書房、東京、148pp.
（２）荒木智葉・山本聡・大藪崇司（2019）宅地接道部の植栽の状態から見た庭が荒れていると判断される要素、景観園芸研究．20. 21-25.
（３）永野和之・沈 悦・斉藤庸平・中瀬 勲（2013）：住宅街における鳴く虫の分布と緑地タイプとの関係、ランドスケープ研究 76(5), 611-614.
（４）神河町教育委員会（2020）神河町歴史文化遺産保存活用計画、156-159.

おわりに

「ランドスケープからの地域経営」の第5号として出版の運びとなった「ランドスケープで変わる価値観」では、これまで主流であったガーデンの植栽から草地の管理などを中心にＳＤＧｓの概念が入った多様な植栽・運営管理手法について概観し、実際の管理運営を含めた事例を紹介しました。

地球温暖化問題や生物多様性保全に関する議論が本格化してから十数年が経過し、いろいろな場で価値の変革が起こっています。掲載された原稿はいずれも、それぞれの著者が実際に試みた価値観の変革の事例あるいは、多様な活動を通常とは異なる視点で捉えて論じたものです。その中で、今まで認識されていた美しさの基準をさらに広げることにより、多様な自然の楽しみ方ができること、今後、このような多様性を多くの人が獲得することでより多様な楽しみ方ができる緑地空間が形成されることを期待しています。

本巻の出版に際して、執筆者の皆様には、短い期間の中ご協力いただきましたことに心よりお礼申し上げます。

（山本聡・岩崎哲也）

監修

中瀬 勲 兵庫県立淡路景観園芸学校学長、兵庫県立人と自然の博物館館長、兵庫県立大学名誉教授

大阪府立大学大学院農学研究科修士課程修了。同大学助手、助教授、カリフォルニア大学客員研究員などを経て、1992 年に兵庫県立姫路工業大学教授、2013 年より兵庫県立人と自然の博物館館長。2018 年より現職。（社）日本造園学会会長、人間・植物関係学会副会長などを歴任するとともに、震災復興のまちづくりや NPO などにかかわる。農学博士。

著者一覧

田淵美也子 兵庫県立淡路景観園芸学校／兵庫県立大学大学院緑環境景観マネジメント研究科　准教授

大阪府立大学農学部造園学教室卒。造園コンサル勤務後、尼崎市緑化植物園で勤務。その後、札幌市公園緑化協会にて公園の維持管理、マネジメントに従事。2014 年より神戸市立森林植物園勤務、翌年副園長に。2017 年 10 月より現職。樹木医。

上田和子 兵庫県立淡路景観園芸学校／兵庫県立大学大学院緑環境景観マネジメント研究科

民間レジャー施設での植栽管理を経て、大学院生としてガーデンデザイン・管理について研究。

田辺沙知 イコロの森 ガーデナー

本巻の基となる映画の配給および広報、本編の字幕翻訳を担当。ICU 教養学部で生物学、北海道大学大学院で植物生態学を学び、のちエジンバラ大学にてランドスケープアーキテクチャーを学ぶ。2016 年より現職。

佐藤未季 未季庭園設計事務所　代表

大阪大学法学部卒業後、渡英しリトルカレッジ等でガーデンデザインを学ぶ。RHS チェルシーフラワーショー 2019「漢方の庭」にてゴールドメダル受賞。

田口真弘 株式会社グリーン・ワイズ クリエイティブ・ディレクター

ルイジアナ州立大学大学院ランドスケープデザイン学科修了、フロリダの設計事務所 EDSA に勤務後、2019 年より現職。サスティナブルなランドスケーププロジェクトを展開。米国ランドスケープアーキテクト（PLA）。

政金裕太 株式会社グリーン・ワイズ デザイナー

ルイジアナ州立大学大学院ランドスケープデザイン学科修了後、テキサス州の設計事務所 Asakura Robinson に勤務。グリーンインフラや水のランドスケープに関心を持つ。2020 年より現職。

澤田佳宏 兵庫県立淡路景観園芸学校／兵庫県立大学大学院緑環境景観マネジメント研究科　准教授

建設コンサルタント会社に勤務した後、岐阜大学大学院連合農学研究科で博士課程を修了。兵庫県立人と自然の博物館を経て、2007 年から現職。海岸植生や里地の半自然草原の保全について研究している。博士（農学）。

守 宏美 兵庫県立淡路景観園芸学校／兵庫県立大学大学院緑環境景観マネジメント研究科　景観園芸専門員

千葉大学園芸学部緑地環境学科卒業。1996 年より兵庫県にて造園職として従事し、都市公園の計画・整備や地域と連携した公園運営に携わる。2019 年より現職。

岩崎哲也 兵庫県立淡路景観園芸学校／兵庫県立大学大学院緑環境景観マネジメント研究科　准教授

千葉大学大学院園芸学研究科環境・緑地学専攻修了後、公園・緑地の設計事務所にて設計及び植物・生物調査等に従事、その後練馬区の団体職員を経て、2011 年より現職。一級ビオトープ施工管理士。樹木医。博士（農学）。

山本 聡 兵庫県立淡路景観園芸学校／兵庫県立大学大学院緑環境景観マネジメント研究科　教授

大阪府立大学大学院農学研究科修了後、同大学助手、姫路工業大学助教授等を経て、2009 年より現職。緑地の存在効果に関して、景観面および人間の生理面から研究。博士（農学）。

沈 悦 兵庫県立淡路景観園芸学校／兵庫県立大学大学院緑環境景観マネジメント研究科　教授

北京林業大学園林学部終了後、北京市園林設計研究院に都市緑地の設計に従事。1992 年に留学で来日、東京大学農学生命科学研究科博士課程修了後、（株）PREC 研究所で首都圏公園緑地の設計に従事。2011 年より現職。

ランドスケープからの地域経営　編集会議

赤澤宏樹、岩崎哲也（編集責任）、嶽山洋志、
田淵美也子、林まゆみ、光成麻美、山本 聡（編集責任）

ランドスケープからの地域経営《ちいきけいえい》 5

ランドスケープで変《か》わる価値観《かちかん》

～植栽《しょくさい》デザインから管理運営《かんりうんえい》まで～

2021年3月22日　第1刷発行

監　修　中瀬《なかせ》　勲《いさお》

編　集　山本《やまもと》　聡《さとし》・岩崎哲也《いわさきてつや》

企　画　淡路景観園芸学校／
兵庫県立大学大学院緑環境景観マネジメント研究科

発行者　金元昌弘

発行所　神戸新聞総合出版センター
〒650-0044　神戸市中央区東川崎町 1-5-7
TEL 078-362-7140　　FAX078-361-7552
https://kobe-yomitai.jp/

印　刷　株式会社 神戸新聞総合印刷

ISBN978-4-343-01102-2　C0036